U0337855

国家自然科学基金国际合作项目(52061135111)资助
国家自然科学基金面上项目(51974296、52074240)资助
江苏省高校优秀创新团队项目(复杂环境工程结构安全)资助
国家自然科学基金青年科学基金项目(52004272)资助
江苏省自然科学基金青年基金项目(BK20200660)资助
徐州工程学院学术著作出版基金资助

硫酸腐蚀下大孔隙混凝土孔隙结构和渗透性演化机理研究

仇培涛　浦　海　张连英　吴疆宇　著

中国矿业大学出版社

· 徐州 ·

内 容 提 要

本书综合运用连续介质力学和反应动力学理论,建立一种能够综合考虑大孔隙混凝土水泥水化、硫酸扩散、腐蚀作用及反应级数时变的动力学模型,并设计出了一种能够体现反应级数跳跃的动力学响应计算方法,基于 Monte-Carle 模拟原理设计了一种利用质量浓度反演反应动力学模型决策变量的方法。通过渗透率计算值与试验值的对比验证反应动力学模型及响应计算方法的适用性。在此基础上,运用反应动力学模型解释硫酸腐蚀下大孔隙混凝土渗透率变化机理。

本书可供土建类院校相关的教师和研究生阅读,也可供从事混凝土材料耐久性、水泥反应动力学和连续介质力学等方面研究的科研人员及工程技术人员参考。

图书在版编目(C I P)数据

硫酸腐蚀下大孔隙混凝土孔隙结构和渗透性演化机理

研究 / 仇培涛等著. — 徐州:中国矿业大学出版社,

2022.6

ISBN 978 - 7 - 5646 - 5444 - 3

Ⅰ.①硫… Ⅱ.①仇… Ⅲ.①硫酸—腐蚀—作用—孔

隙度—混凝土—渗透过程—研究 Ⅳ.①TU528

中国版本图书馆 CIP 数据核字(2022)第 112841 号

书 名	硫酸腐蚀下大孔隙混凝土孔隙结构和渗透性演化机理研究	
著 者	仇培涛 浦 海 张连英 吴疆宇	
责任编辑	章 毅 马晓彦	
出版发行	中国矿业大学出版社有限责任公司	
	(江苏省徐州市解放南路 邮编221008)	
营销热线	(0516)83885370 83884103	
出版服务	(0516)83995789 83884920	
网 址	http://www.cumtp.com E-mail:cumtpvip@cumtp.com	
印 刷	江苏淮阴新华印务有限公司	
开 本	787 mm×1092 mm 1/16 **印张** 11.25 **字数** 218 千字	
版次印次	2022 年 6 月第 1 版 2022 年 6 月第 1 次印刷	
定 价	45.00 元	

(图书出现印装质量问题,本社负责调换)

前　　言

　　大孔隙混凝土广泛应用于承载路面、轻交通路面和景观路面等领域,在海绵城市建设中发挥着重要的作用。与传统混凝土路面相比较,大孔隙混凝土路面具有雨水的收集、储存和缓释等重要功能。在我国南方多雨地区,雨水吸收并溶解空气中的二氧化硫、氮氧化合物等物质,形成 pH 值小于 5.6 的酸性降雨。酸性物质在混凝土路面中扩散引起一系列化学反应,导致混凝土孔隙率和渗透率的变化,从而影响混凝土路面的透水性能。因此,硫酸腐蚀下大孔隙混凝土的渗透性是城市降水生态系统的基础性研究课题。

　　本书针对大孔隙混凝土的微观结构特征,设计了一种渗透试验系统。基于混凝土中硫酸液扩散和化学反应的分析,确定了影响混凝土孔隙率和渗透率的因素,即硫酸液浓度(pH 值)、骨料级配 Talbot(泰波)指数和水泥含量。通过渗透试验分析了这三个因素对大孔隙混凝土孔隙率和渗透率的影响规律。为了解释硫酸腐蚀下大孔隙混凝土孔隙率和渗透率减小的机理,综合运用连续介质力学和反应动力学理论建立了一种反应动力学模型,设计了反应动力学响应的计算方法并给出了算例。基于 Monte-Carle(蒙特-卡罗)模拟原理,设计了一种利用质量浓度反演反应动力学模型决策变量的方法,并分析了硫酸液浓度(pH值)、骨料级配 Talbot 指数和水泥含量对决策变量的影响。通过渗透率的计算值与试验值的对比,验证反应动力学模型及响应计算方法的适用性。在此基础上,运用反应动力学模型解释硫酸腐蚀下大孔隙混凝土渗透率的变化机理。

　　在本书的编写过程中,中国矿业大学陈占清教授、茅献彪教授,徐州工程学院朱炯教授、李靖教授、李雁副教授、李兵副教授提出了大量宝贵的意见,在此表示诚挚的谢意。本书参考了大量的国内外有关混凝土腐蚀方面的研究成果,在此谨向参考文献的作者表示感谢。

　　本书内容涉及物理化学、矿物学、计算流体力学、水泥反应动力学和连续介质力学等多门学科,由于作者学识有限,书中难免会存在不足之处,敬请广大读者和同行批评指正。如果本书能起到抛砖引玉的作用,作者将不胜欣慰!

著者

2022 年 3 月

目　　录

1 绪论 ·· 1
　1.1 研究背景及意义 ·· 1
　1.2 国内外研究现状 ·· 2
　1.3 主要研究内容与方法 ·· 14

2 硫酸腐蚀下大孔隙混凝土孔隙结构演化表征 ············ 18
　2.1 大孔隙混凝土透水效应 ······································ 18
　2.2 微观孔隙结构分析 ·· 21
　2.3 大孔隙混凝土孔隙率的物质导数 ······················ 22
　2.4 本章小结 ·· 25

3 硫酸腐蚀后大孔隙混凝土渗透试验 ························· 26
　3.1 试验原理和系统 ·· 26
　3.2 试样制备 ·· 35
　3.3 试验方案 ·· 39
　3.4 试验结果与分析 ·· 40
　3.5 本章小结 ·· 53

4 硫酸作用下大孔隙混凝土渗透率演化模型 ··············· 54
　4.1 水化反应与腐蚀反应 ·· 54
　4.2 反应级数与反应速率 ·· 58
　4.3 硫酸液在孔隙中的扩散 ······································ 59
　4.4 质量守恒方程 ·· 61
　4.5 孔隙率和渗透率演化方程 ··································· 63
　4.6 反应动力学模型 ·· 64
　4.7 反应动力学响应计算方法 ··································· 68
　4.8 反应动力学响应计算示例 ··································· 76

4.9 本章小结 ································· 111

5 硫酸腐蚀下大孔隙混凝土渗透率模型参量反演 ········· 112
5.1 浓度的测定原理与方案 ··················· 112
5.2 石膏质量浓度的测试结果与分析 ·············· 114
5.3 模型参量的反演方法 ···················· 125
5.4 模型参量的反演结果与分析 ················ 132
5.5 本章小结 ························· 136

6 硫酸腐蚀下大孔隙混凝土渗透率演化机理 ········ 138
6.1 渗透率演化模型验证 ···················· 138
6.2 渗透率演化机理 ······················ 145
6.3 本章小结 ························· 154

7 结论与展望 ····························· 156
7.1 主要结论 ························· 156
7.2 研究展望 ························· 158

参考文献 ································ 160

1 绪 论

1.1 研究背景及意义

改革开放以来,我国经历了大规模的快速城镇化过程,并取得了举世瞩目的成就[1]。截至 2019 年末,我国大陆城镇常住人口 8.48 亿人,占总人口比重为 60.60%[2]。城镇化是保持经济持续健康发展的强大引擎,也是建设富强、民主、文明、和谐、美丽的社会主义现代化强国的必然要求[3]。伴随着城镇化的不断提高,开始出现人口规模急剧膨胀和高强度城市开发等问题,并引发水资源短缺、水环境污染、雨洪灾害加剧等问题,使得城市水问题逐渐成为我国可持续发展需要面对的重大课题[4]。2013 年 12 月,习近平总书记在中央城镇化工作会议上提出要建设自然积存、自然渗透、自然净化的海绵城市。住房和城乡建设部认真贯彻习近平总书记讲话及中央城镇化工作会议精神,于2014 年 10 月发布了《海绵城市建设技术指南——低影响开发雨水系统构建(试行)》。2015 年 1 月,住房和城乡建设部、财政部、水利部共同发布《关于组织申报 2015 年海绵城市建设试点城市的通知》。2015 年 9 月,成立了"住房城乡建设部海绵城市建设技术指导专家委员会",标志着海绵城市建设正式拉开大幕[5-6]。海绵城市模式如图 1-1 所示。

海绵城市充分发挥道路、建筑、绿地等生态系统对雨水的收集、储存和缓释作用,是提高城市防涝水平和修复城市水生态的有力手段[6]。因此,在海绵城市建设过程中,大孔隙混凝土扮演着重要的角色。大孔隙混凝土极大地提高了路面的排水和透气能力,广泛应用于景观路面、轻交通、承载路面等领域[7-9]。

大孔隙混凝土路面在使用过程中常会与酸性物质发生作用,产生两个方面的有害效应:一方面造成结构的承载能力降低;另一方面导致结构的孔隙率和渗透率减小,大孔隙混凝土路面的排水和透气能力不断降低,海绵城市的雨水收集、储存和缓释作用不能充分发挥[10]。

大孔隙混凝土路面的排水和透气能力是由其渗透率决定的,而渗透率又是

图 1-1　海绵城市模式示意图

由孔隙结构决定的。由于大孔隙混凝土的孔隙连通性好,有效孔隙率接近于总孔隙率,故可认为孔隙率是衡量路面排水和透气能力的关键指标。因此,对大孔隙混凝土结构在制造和使用过程中孔隙率和渗透率演化规律的研究成为海绵城市工程技术研究的理论基础。目前学者们主要从"物理堵塞"和化学反应两个视角研究大孔隙混凝土孔隙率的变化。前者着眼于外部固体颗粒的迁移而引起的混凝土孔隙率减小,后者着眼于内部固态物质与液态物质体积分数的变化而引起的孔隙率减小。

本书研究大孔隙混凝土在养护和腐蚀阶段硫酸的扩散、水化反应和腐蚀反应引起的孔隙率和渗透率的变化规律,主要任务包括建立反应动力学模型,分析扩散系数和反应速率的影响因素,揭示孔隙率和渗透率减小的机理。因此本书所研究的内容对海绵城市的建设具有重要意义。

1.2　国内外研究现状

大孔隙混凝土骨料颗粒之间的空间未被水泥浆填满,留有大量的连通孔隙。因此,大孔隙混凝土的渗透率远大于常规混凝土,具有良好的透水性能。所以,认识大孔隙混凝土的透水机理需了解其孔隙结构特征。在大孔隙混凝土养护和腐蚀阶段,水泥组分及其浓度发生变化,导致水泥中固态物质和液态物质的体积分数以及混凝土的孔隙率发生变化。因此,认识大孔隙混凝土的透水性能还需认识水泥基材料反应动力学的理论与方法。运用反应动力学揭示大孔隙混凝土孔隙结构演化机理的关键在于测定反应速率常数。

基于以上理由,本书从以下 4 个方面综述硫酸腐蚀下大孔隙混凝土渗透性的研究进展:

(1) 大孔隙混凝土透水性影响因素;

(2) 混凝土孔隙结构特征;

(3) 水泥基材料反应动力学;

(4) 反应动力学参量测定方法。

1.2.1　大孔隙混凝土透水性影响因素

大孔隙混凝土是将水泥或有机胶凝材料与粗骨料按照一定的配合比,采用特定制备工艺生产而成的道路用建筑材料。对于特定的地区和特殊的工程要求,还需添加辅助材料(纳米材料、矿物掺和料、聚合物、纤维和减水剂等)。影响大孔隙混凝土透水性的因素主要有粗骨料粒径、水灰比、辅助添加材料和外部环境条件等[11-17]。

骨料颗粒是影响大孔隙混凝土透水性的重要因素之一。周佳、孙家瑛、R.Rabiah 等[18-26]通过大量的试验测量了不同类别和不同粒径骨料制作的大孔隙混凝土渗透系数和渗透率,如表 1-1 所列。

表 1-1　几种大孔隙混凝土的渗透系数和渗透率

年份	学者	骨料类别	粒径/mm	渗透系数/(mm·s⁻¹)	渗透率/m²
2004 年	周佳	钢渣颗粒	$5.00\sim10.00$	18.84	1.95×10^{-9}
			$2.50\sim10.00$	10.70	1.11×10^{-9}
			$2.50\sim5.00$	8.10	8.38×10^{-10}
2007 年	孙家瑛	石灰岩 钢渣颗粒 辉绿岩	$5.00\sim10.00$	21.90 23.40 21.50	2.26×10^{-9} 2.42×10^{-9} 2.22×10^{-9}
2007 年	孙家瑛	辉绿岩	10.00 16.00 38.00	6.00 14.70 27.30	6.20×10^{-10} 1.52×10^{-9} 2.82×10^{-9}
2009 年	R.Rabiah	废弃混凝土	$2.50\sim9.50$	$1.00\sim8.00$	$(1.03\sim8.27)\times10^{-10}$
2012 年	刘富业	废弃混凝土	$4.75\sim9.50$	0.25	2.58×10^{-11}

表 1-1(续)

年份	学者	骨料类别	粒径/mm	渗透系数/(mm·s⁻¹)	渗透率/m²
2012 年	薛俊	废弃混凝土	1.18~9.50	0.14	1.43×10^{-11}
2014 年	白晓辉	瓜米石	5.00~10.00 10.00~15.00	21.90~29.80 61.70~81.70	$(0.23 \sim 3.08) \times 10^{-9}$ $(6.38 \sim 8.45) \times 10^{-9}$
2015 年	甘冰清	石子和陶粒	4.75~9.50 9.50~13.20 13.20~16.0	>1.00	$>1.03 \times 10^{-10}$
2017 年	孙铂	碎石 轻质陶粒 黏土陶粒	9.50 13.20~16.00 8.00	>18.20	$>1.88 \times 10^{-9}$
2019 年	辛扬帆	陶粒和石子	2.00~5.00 5.00~10.00 10.00~15.00	>1.35 >1.43 >3.21	$>1.40 \times 10^{-10}$ $>1.48 \times 10^{-10}$ $>3.32 \times 10^{-10}$

　　研究表明,大孔隙混凝土渗透率的变化范围为 $1.43 \times 10^{-11} \sim 8.45 \times 10^{-9}$ m²,比常规混凝土大几万到几百万倍,骨料类别对大孔隙混凝土的渗透率影响很小,渗透率随着骨料粒径的增大而增大。

　　水灰比决定水泥浆体的稠度,而稠度是影响水泥浆体在骨料中流动的重要因素,因此水灰比影响水泥浆体分布的均匀性和大孔隙混凝土的渗透率。此外,水灰比还影响水化反应速率,从而影响水泥组分的质量浓度。根据合缩效应,质量浓度的变化率决定孔隙率的变化率。因此,水灰比对大孔隙混凝土的渗透率的影响受到许多学者的重视。张朝辉等[27]通过水灰比分别为 0.24、0.26、0.28、0.30 和0.32的大孔隙混凝土试样的渗透试验,分析了水灰比对透水性的影响,结果表明当水灰比小于或等于 0.28 时,混凝土的透水系数随水灰比的增大而增大,当水灰比大于 0.28 时,混凝土的透水系数随水灰比的增大而减小。该文指出:当水灰比过小时,水泥易于结团从而导致孔隙被堵塞,影响孔隙之间的连通;当水灰比过大时,会出现沉浆现象,导致透水混凝土中部分孔隙被封堵,连通性下降,透水系数减小。王武祥、蒋正武和夏群等[28-30]的试验结果也表明透水系数随水灰比的增大而减小。但是,孟宏睿等[31]的试验结果表明当水灰比在 0.30~0.36 时,透水系数随水灰比的增大而增大。2018 年,梁健等[32]通过正交试验设计不同的配合比进行透水再生混凝土试验,通过不同水灰比、骨料级配和设计孔隙率三个因素对透水混凝土的渗透性、抗冻性和力学性能进行了对比研究,从而得到了透水再生混凝土的优化配合比。结果表明,水灰比对渗透率的影响不是独立的,渗透率是多种因素共同作用的结果。目前,水灰比对渗透率的影响规律基本明确,虽然有少数文献的试验结果得出相反的结论,但不影响主流观点的形成。

为了提高混凝土的强度和耐久性,人们在混凝土中添加石灰石粉、天然火山灰、粉煤灰、硅灰、矿渣及磷矿渣等辅助材料,以产生多元相效应[33]。辅助添加材料对混凝土的透水性能也有一定程度的影响。

C.Lian、徐方、付放华等[34-36]通过试验研究发现,加入硅粉会降低大孔隙混凝土的透水性。J.Yang、李九苏和楼俊杰等[37-39]的试验结果也得到了相同的结论。S.B.Park 等[40]的试验结果表明,硅粉对大孔隙混凝土的孔隙率和透水性影响不大。总之,掺加硅粉不会增大混凝土的孔隙率和渗透率。

刘肖凡和王艳艳等[41-42]通过试验发现添加粉煤灰改变大孔隙混凝土的透水系数,且透水系数随粉煤灰掺量的增大而减小。李子成等[43]的试验结果表明粉煤灰掺量对混凝土渗透系数的影响不大。

以上文献是在胶凝材料中添加辅助材料,讨论混凝土透水系数的变化。一些学者则是在骨料中添加辅助材料,分析这类辅助材料对混凝土渗透率的影响。W.Yeih 等[44]通过试验发现在骨料中添加高炉渣制成的透水混凝土比天然河道砾石制备的透水混凝土具有更好的透水性能。V.López-Carrasquillo 等[45]发现掺有纳米二氧化硅的透水混凝土具有更高的抗压强度和更好的耐磨性与渗透率。郭磊等[46]研究发现掺入聚丙烯纤维和碳纤维未引起透水混凝土的孔隙率和透水系数的显著变化。

大孔隙混凝土在使用过程中与外部环境发生质量和能量交换,从而组分、质量浓度和孔隙率发生变化,渗透系数也发生相应的变化。大孔隙混凝土与外部环境质量交换引起孔隙的堵塞和透水系数的减小。大孔隙混凝土与外部环境能量交换造成混凝土的冻融,从而引起大孔隙混凝土的应力场和位移场的变化,以及孔隙率和透水系数发生相应的变化。刘燕[47]试验研究了表面铺设的沙层对道路渗透率的影响。马国栋和 T.F.Fwa 等[48-49]发现混凝土由于外部砂砾造成孔隙堵塞和渗透率减小的现象。O.Deo 等[50]根据沥青透水混凝土上沉积物的分布,分析了物理堵塞对混凝土透水性的影响,结果发现扬尘和粗细沙粒造成的透水系数变化较为明显,而大颗粒砂及砾石的沉积对路面的透水系数影响甚微。

由于外部物质的堵塞,混凝土结构的渗透率随深度变化。S.Borgwardt[51]通过试验发现路面上部 20 mm 深度内细颗粒(<0.063 mm)的平均含量从 3.2%增加到 25.9%,渗透系数从 23.9 mm/min 下降到 2.0 mm/min。L.M.Haselbach 等[52]分析了覆盖有沙层的透水混凝土砖上的表面洪流,并给出了透水混凝土砖的渗透率以及透水混凝土砖的上表面附近的孔隙率和沙层的渗透率两者之间的关系式。除

此之外,在数值模拟方面,金磊等[53]基于颗粒离散元法和三维离散元模型虚拟切片技术建立了土石混合体的三维随机孔隙结构模型,并引入三维格子 Boltzmann 方法从孔隙尺度对其渗流开展研究,分析了块石含量、相对密实度和块石粒径对土石混合体渗透率的影响,探讨不同条件下块石含量对土石混合体渗透率存在不同影响的内在机制。

在高寒地带,混凝土结构在寿命期间经历冻融循环。随着时间的增加,循环次数持续增多,混凝土路面的渗透系数大幅度减小。M.Kayhanian 等[54]的试验结果表明,使用 8 a 后的路面渗透系数不足新路面渗透系数的千分之一,只有 0.007 mm/s。B.Kucharczyková 等[55]认为冻融造成大孔隙混凝土孔隙结构的变化,F.E.Jiménez Pérez 等[56]的研究也得到一致的结论。薛冬杰等[57]采用图像处理法探索了冻融引起的孔隙率和孔径的变化规律,试验结果表明冻融造成平均半径为 0~5 mm 的孔隙数量增加了 37%,并且随着循环次数增加孔隙直径不断变大,最大可达 35 mm。

外部环境引起混凝土结构透水系数变化的原因不仅限于堵塞和冻融,腐蚀性离子的侵蚀也会造成透水系数的变化。于永霞[58]研究氯离子对透水混凝土渗透腐蚀的影响情况,结果表明渗透系数随着时间的增加而减小。

随着大孔隙混凝土渗透性研究的深入,外部环境影响下混凝土渗透试验方法和技术的研究引起学者们的兴趣。倪彤元等[59]通过对比雨淋法和常水头法测得的渗透率,发现雨淋法测得的渗透率比常水头法测得的渗透率小,雨淋法更符合实际情况。

综上所述,人们目前对大孔隙混凝土透水性影响因素的分析已经非常全面,研究成果也极为丰富。美中不足的是,在考虑骨料配比的影响时,学者们多选用单一粒径区间,而有关间断级配和连续级配骨料的混凝土的透水性研究成果鲜有报道。

1.2.2 混凝土孔隙结构特征

大孔隙混凝土的透水功能是由其孔隙结构确定的。因此,水泥基材料孔隙结构的测定是认识大孔隙混凝土透水性能的前提。目前,水泥基材料孔隙结构的测量方法可以分为直接法和间接法两类[60]。直接方法主要有光学显微镜和电子显微镜两种,间接法主要有氦比重法、压汞法、气体吸附法、小角散射法、热孔隙法、吸水试验法和核磁共振法等。每种方法的测量范围见表 1-2[61]。这里主要介绍压汞法和电子显微镜在混凝土微观结构研究方面的成果。

表 1-2 水泥基材料孔隙结构测量方法及范围

测量方法	0~1 nm	1~10 nm	10~100 nm	10 nm~1 μm	1~10 μm	10~100 μm	10 μm~1 mm
氦比重	√	√					
气体吸附法	√	√					
热孔隙法	√	√	√				
小角散射法	√	√	√				
核磁共振法	√	√		√	√		
光学显微镜				√	√	√	√
吸水试验法				√	√	√	√
电子显微镜			√	√	√	√	√
压汞法		√	√	√	√	√	

压汞法是常用的测定水泥基材料内中孔和大孔孔径分布的方法,研究成果最为丰富[62],这些成果主要集中在不同龄期、水灰比、外掺料和特殊工程应用方面。

Q.Zeng 等[63]对不同龄期和水灰比的混凝土材料进行试验测试,试验结果表明,随着龄期的增大,大孔孔径(>1 000 nm)的占比逐渐减小,过渡孔孔径(10~100 nm)的占比逐渐增大,陈军、谢超等[64-66]也得到相同结论,除此之外,陈军等通过测试试验还发现,有害孔孔径(50~200 nm)和多害孔孔径(>200 nm)的占比并不随水灰比的增大呈单调变化。

牛全林等[67]将掺有硅粉、矿渣、粉煤灰、高岭土和天然沸石等辅助材料的混凝土孔隙率和平均孔径与基准试件进行了对比,结果发现:① 仅掺有硅粉的孔隙率较基准试件减小,其余均增大;② 分别掺有硅粉和矿渣的混凝土平均孔径减小,而掺有粉煤灰、高岭土和天然沸石的混凝土平均孔径增大。

杨鹄宇[68]将掺有氯化钠、氯化钙、硫酸钠、硝酸钙、亚硝酸钠、亚硝酸钙的混凝土的临界孔径进行对比,结果表明,所有混凝土试样的临界孔径均在 100~1 000 nm 之间,其中掺有硝酸钙的混凝土的临界孔径最大,掺有亚硝酸钠的混凝土的临界孔径最小。

金文[69]研究了掺有丙烯酸系减水剂对混凝土孔隙结构的影响,试验结果表明,掺有丙烯酸系减水剂的混凝土孔隙率和孔径都比较小,孔隙结构更密实,段运、孟庆贵[70-71]也验证了这个规律。

王家滨等[72]考虑三因素(水灰比、粉煤灰掺量和钢纤维掺量)对喷射混凝土孔结构的影响,试验结果表明,随着水灰比的减小,喷射混凝土孔隙分布中,多害孔(>200 nm)基本保持不变,有害孔(50~200 nm)和少害孔(20~50 nm)大幅增加,而无害孔(<20 nm)的含量降低;随着粉煤灰掺量的增大,有害孔的含量呈先减小后增大,多害孔的含量小幅度降低,少害孔的含量增大,无害孔的含量先增大后减小;随着钢纤维掺量的增大,有害孔和多害孔的含量减小,而无害孔和少害孔的含量增大。

随着混凝土应用范围的扩展,对于一些复杂结构的重要部位出现微裂隙需及时修复,传统的事后修复已不能满足工程要求,此时掺有修复微胶囊的混凝土应运而生。赵威[73]通过研究修复微胶囊掺量对混凝土修复前后抗渗性能的变化,发现随着微胶囊掺量的增大,抗渗性能呈先增大后减小的趋势。

王建东等[74]研究了掺入硫酸钙晶须对混凝土孔隙率和抗渗性能的影响,通过试验研究发现,掺入一定量的硫酸钙晶须后可实现降低混凝土孔隙率和渗透率的目标,当掺入量为水泥质量的5%时,混凝土的孔隙率最小,抗渗性能最好。

高翔等[75]通过压汞仪测得新型高性能纳米改性水泥基复合料(HPNCC)和传统纤维增强水泥基复合材料(UHTCC)的微观孔隙特征参数,绘制二者孔径-孔隙体积对比关系曲线。对比发现,新型高性能纳米改性水泥复合材料的孔隙率和平均孔径等参数均小于传统纤维增强水泥基复合材料的孔隙率和平均孔径等参数,表现出良好的抗渗性能。

压汞法广泛应用于测试水泥基材料的孔隙结构,其测试结果在一定程度上可以反映水泥基材料的孔隙结构,但这并不是水泥基材料的真实孔隙结构。而扫描电子显微镜是一种可以直接观察到试样表面孔隙结构形貌特征的仪器,对于水泥基材料的应用主要集中在水泥熟料和水化产物的形貌特征、物相识别、水化程度判定、孔体积含量与分布等方面[76-84]。

李淑进等[85]对比未掺粉煤灰和掺20%粉煤灰试样的扫描电子显微镜图片发现,未掺粉煤灰的试样界面区的孔隙率和孔径都较大,在骨料-浆体界面区观察到了针状棒的钙矾石和片状的氢氧化钙。掺20%粉煤灰的试样微观结构均匀致密,大孔隙较少,观察到了类似于鱼卵状的粉煤灰玻璃珠。在粉煤灰周围有二次水化硅酸钙生成,而浆体中氢氧化钙、钙矾石和有害孔数量明显减少,所以掺入粉煤灰对提高抗渗性能是有利的。

杨淑雁等[86]在观察掺入引气剂的高性能混凝土微观孔隙结构时,发现引气剂的掺入改善了混凝土孔隙结构的分布,减小了骨料-浆体界面过渡区范围,有利于提高混凝土的抗渗性能。

张立华等[87]利用扫描电子显微镜研究了工业废渣掺量对水化产物形貌特征的影响,研究表明,掺入工业废渣后的水化产物主要为絮凝状,而针状和纤维状含量较少。随着工业废渣掺量的增大,针状和纤维状水化产物的占比减小。

对于普通扫描电子显微镜,测试试样需要提前进行烘干处理,因此很难观察到水泥水化过程,为了克服这个缺陷,D.J.Corr 等[88]采用冷冻电子显微镜对净浆试样中的孔隙以及水泥水化产物进行了观察,结果表明通过冷冻电子显微镜能够清晰地观察到孔隙水冻结以及水化产物形成的全过程。A.Jenni 等[89]采用扫描电子显微镜对聚合物改性水泥砂浆中瓷砖胶黏剂、胶乳、纤维素醚(CE)、聚乙烯醇(PVA)和水泥水化产物进行识别,并对聚合物和水化产物周围的孔隙分布进行量化。

尽管众多学者应用扫描电子显微镜取得了丰富的成果,但该方法仍存在两个较为明显的不足:首先是观察的范围有限,存在取样的离散性;其次是观察分析过程受限于二维平面,与材料实际的三维孔隙空间分布存在较大的差异性。因此,一些学者通过利用工业 CT 来克服扫描电子显微镜在这两方面存在的不足。

韩建德[90]通过工业 CT 观察了硬化水泥浆体碳化的过程,试验结果表明,随着碳化时间的增大,碳化区域逐渐增大,未碳化区域逐渐减小,相应的碳化深度也逐渐增大。

田威等[91-92]通过利用 CT 技术获取冻融循环后混凝土的二维扫描图像,在二维扫描图像的基础上进行三维孔隙结构的重建,得到混凝土孔隙结构特征参数(孔隙率和孔隙分布频率)的统计结果。试验结果表明:随着冻融循环次数的增加,混凝土的孔隙率先增大后减小,单轴抗压强度单调减小。

姜广[93]采用工业 CT 扫描得到掺入偏高岭土的水泥砂浆内钢纤维的二维分布[图 1-2(a)]和三维分布[图 1-2(b)],通过对比不同偏高岭土掺量(0%、6%、10%和 14%)钢纤维的分布情况,认为掺入 10%的高岭土的水泥砂浆中钢纤维分布情况最佳。

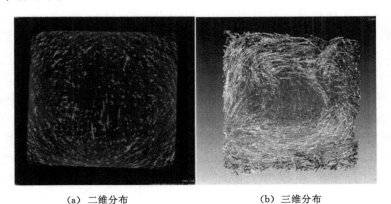

(a) 二维分布　　　　　　　　　(b) 三维分布

图 1-2　水泥砂浆中钢纤维的二维分布和三维分布图

X.Kuang 等[94]利用 CT 技术对透水混凝土的孔隙特征进行研究,结合观察到的孔隙结构特征,提出了修正的 Kozeny-Carman(科泽尼-卡尔曼)渗透率模型。S.Y.Chung 等[95]利用 CT 定量研究混凝土内部二维孔隙结构分布,通过混凝土内部多组二维孔隙结构分布的图片,重构了混凝土三维孔隙模型。王刚、张跃荣、J.X.Ren、M.K.Khan、S.G.Li 等[96-100]也利用 CT 获得了混凝土孔隙图像,并在此基础上建立了混凝土多种有限元模型。

综上所述,众多学者对大孔隙混凝土孔隙结构特征的研究已经非常全面,并且取得了丰硕的成果,这些成果主要集中在研究水泥水化过程中混凝土孔隙结构的演化和硫酸腐蚀后孔隙结构的分布特征,而对硫酸腐蚀过程中孔隙结构是如何变化的研究较少。

1.2.3　水泥基材料反应动力学

反应动力学是研究化学反应过程中内因和外因对化学反应的速率和反应方向的影响,从而揭示宏观和微观机理的一门科学[101]。反应动力学模型是研究化学反应动力学的重要方法,因此,众多学者在反应动力学模型方面做了大量工作。

1919 年,H.Le Chatelier[102]提出了水泥水化过程中的晶体理论,这是水泥水化反应动力学的雏形,但该理论没有考虑水化产物溶于水的情况。1978 年,B.D.D.Double 等[103]提出了硅酸盐水泥水化的渗透机理,给出了水泥水化过程的模型,同时利用电子显微镜提供的水化硅酸钙凝胶照片,证明了这种凝胶具有渗透性的特征。1979 年,J.M.Pommersheim 等[104]提出了 C_3S(硅酸三钙)水化动力学模型,该模型的核心思想是把 C_3S 看作一凝结核,随着水化过程的进行,在其周围逐层生成水化产物。1990 年,H.F.W.Taylor[105]研究了 C_3S 的水化过程,提出了三次水化产物的机理,并解释了水泥中 C_3A(铝酸三钙)水化速度快的原因是 C_3A 的溶解度高于其他成分。

1984 年,K.Scrivener 等[106]利用扫描电子显微镜观察未完全水化的水泥,发现大量的氢氧化钙和其他水化产物的微观结构存在明显区别,据此描绘出水泥水化过程微观结构变化。

1986 年,A.Bezjak[107]在研究多相复合胶凝材料时,以水泥在水化过程中物理化学变化特征为数学模型的依据,建立了主要组分水泥的反应动力学模型。1995 年,G.De Schutter 等[108]对矿渣硅酸盐水泥的水化过程进行了研究,通过采用绝热升温和等温量热的方法进行观察,认为矿渣和硅酸盐水泥的水化反应是能够分离的。2000 年,R.Krstulović 等[109]根据等温量热法测得的实测数据,分析了水泥水化发展过程,并基于假设模型,对工业水泥试样进行了多元矿物和多粒度体系的热动力学分析,设计出一套程序来描述水化过程的特定动力学参数。2011 年，M. Narmluk 等[110]研究了不同养护温度下，粉煤灰对水泥水化动力学参数的影响，并解释了水化过程中孔隙率减小的机理，即大量水化产物会在未水化水泥颗粒附近沉淀，水化产物向内生长，生成高密度凝胶填充到原孔隙中。2017 年，S. Rahimi-Aghdam 等[111]将水泥水化过程分为五个阶段，即溶解、成核、生长、扩散以及最终形成非常致密的高密度凝胶产物层。

对于水泥基材料反应动力学的研究国外起步较早，而我国对于水泥水化反应动力学的研究相比国外稍晚，直至 20 世纪 80 年代末才逐步进行较为全面的研究。1988 年，吴学权[112]利用恒温导热量热仪对矿渣水泥和波特兰水泥的水化动力学进行了研究，试验结果表明不同的水化阶段，两种水泥的动力学参数和反应机理不同，而矿渣水泥具有更高的反应活化能。1994 年，余其俊等[113]利用不同水泥材料的水化过程放热量不同这一特征，通过测试各类水泥材料的水化过程的放热量，从而建立适用于道路水泥的水化动力学模型。1997 年，王爱勤等[114]研究了水泥复合材料中粉煤灰和水泥熟料的水化动力学，并讨论了二者的动力学参数对混凝土相关力学性质的影响。2004 年起，阎培渝等[115-117]利用 XRD(X-ray diffraction，X 射线衍射)、ESEM(environmental scanning electron microscope，环境扫描电子显微镜)和化学结合水量，研究不同水胶比下复合补偿收缩胶凝材料的反应动力学效应随水化龄期的变化规律；基于水泥的多组分和多尺度水化反应的原理，建立水泥的水化反应和混凝土自收缩的动力学模型，该模型可以用于模拟硅酸盐水泥的等温水化放热曲线以及自收缩发展过程；对硅酸盐水泥在不同水化阶段的反应机理进行了广泛深入的探讨，建立了水泥基材料水化动力学和浆体微结构形成的模型。2010 年起，田野等[118-120]利用已有水泥微观结构模型推导出水泥水化动力学的表达式，在最小耗能理论的基础上推导微观结构层面上水泥水化过程的控制条件；建立了考虑水泥水化产物的动力学方程的表达式，并在此基础上提出水化单元的理论；在获得水泥水化过程微观信息的基础上，采用 Krstulovic-Dabic(克斯图洛维奇-达比奇)水化反应动力学方程式，建立了水泥水化度和微观结构的关系，构建了修正的水泥水化动力学模型。2015 年，韩方晖[121]在 Krstulovi-Dabic 水化动力学模型的基础上，提出了表征掺矿渣和粉煤灰的复合胶凝材料水化反应的三个基本过程，即结晶成核与晶体生长、相边界反应和扩散，讨论了水化反应各阶段的反应速率与反应程度的关系。2018 年，张增起[122]通过建立溶解-沉淀耦合动力学方程来描述 C_3S 的水化过程，该动力学模型同时考虑溶解释放离子和水化产物沉淀消耗离子两个相反过程来计算液相中的离子浓度。

综上所述，经过众多国内外学者近百年来的努力，水泥反应动力学领域利用模型模拟水泥化学反应过程已达成共识，相应的描述模型的数学方程也越来越成熟,模型的模拟效果越来越符合实际。美中不足的是这些模型多是描述化学反应的某个阶段(扩散、晶体成核生长和空间生长等),描述时间跨度长的模型较少,同时考虑反应动力学的模型也较少报道。

1.2.4 反应动力学参量测定方法

反应动力学模型是研究化学反应动力学的重要方法,而化学反应动力学的主题之一就是研究反应过程的速率,因此,如何获得反应速率是研究化学反应动力学问题的关键。目前,研究水泥基材料反应速率的方法主要有 XRD 全谱拟合定量法、等温量热法、化学收缩法、核磁共振法、红外光谱等[121-124]。

(1) XRD 全谱拟合定量法。X 射线衍射定量分析的原理是混合物相中某单一物相的衍射峰强度与其在混合物中的含量呈正相关关系[125]。该方法广泛应用于水泥熟料矿物组成和水化反应速率的测定[126-134]。较多学者通过 XRD 全谱拟合定量法监测了硅酸盐水泥早期水化过程,并对水泥早期水化过程进一步细分[135-137]。该方法具有样品制备和测试操作简单、可重复性强以及可适用于不同水化龄期定性定量分析的优点;但存在数据分析需要知识背景,定量分析需要精修等缺点[123]。

(2) 等温量热法。水泥在水化过程中会发生一系列的化学反应,在反应过程中存在热量的变化,因此根据等温量热试验结果可以计算水泥水化的反应速率。在等温量热法中量热仪是必不可少的设备,它可以用来研究水泥水化动力学和水化反应程度[136,138-143]。

一些学者利用等温量热法测试水泥中主要组分发生水化反应的放热量和矿物掺和料的水化放热量见表 1-3[122]。

表 1-3　水泥中主要组分和矿物掺和料的水化放热量

组分	C_3S	C_2S	C_3A	C_4AF	矿渣	粉煤灰
反应放热量 /($J \cdot g^{-1}$)	510	247	1 356	427	460	2 093
	569	259	836	125	530	285
	502	222	866	418		209
	489		1 372	464		

等温量热法具有可以在不同温度下测试含有矿物掺和料和外加剂的水化热的优点,并且试验结果可重复,精度高,但存在设备价格较高、数据采集时间长、温度精度要求高、易产生误差等缺点[123]。

(3) 化学收缩法。自 1934 年有学者首次观察到水泥基材料的自收缩以来,随着工程应用混凝土对强度的要求不断提高,水灰比不断降低,导致出现大量自收缩引起的开裂现象,自收缩现象得到广泛重视。由于各国对水泥基材料自收缩概念的理解和标准不同,现行的测试方法有多种。根据测试原理的不同,自收缩测试方法可分为直接测试法和间接测试法,具体分类见图1-3[137]。

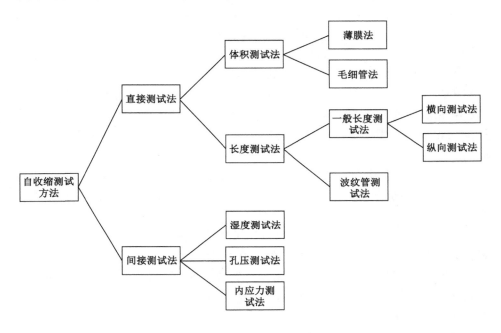

图 1-3 自收缩测试方法分类

国外常用检测水泥浆收缩的方法是通过早期试验改进而来,该方法经过一段时间的推广,其精确性和适用性得到了学者的普遍认同[144-148]。而国内应用最多的则是在美国和日本材料协会推荐方法的基础上改良而来,此装置降低了试瓶破裂的可能性,提高了试验精度[144-149]。

化学收缩法具有装置价格低廉、适用于长期水化反应测试、可重复性强等优点,但也存在早期水化收缩无法测试的缺点[123]。

(4)核磁共振法。自美国物理学家 F.Bloch 和 M.Purcell 在 1945 年发现核磁共振现象以来,低场核磁共振技术很快应用于混凝土材料、岩石、石油和食品检测等领域。低场核磁共振方法是通过对样品中的移动氢质子信号进行采集,得到典型的纵向弛豫和横向弛豫信号峰点曲线[150]。

通过对核磁数据进行不同的处理,可以得到水泥水化过程中信号量随水化时间的演化曲线,对该曲线数据进行适当的公式推导可以得到每个时刻的水化程度[151-157],并描述了净浆和复合浆水化的 4 个阶段(初始期、诱导期、加速期和稳定期)[158-159]。

核磁共振法可以定量测试凝胶等非晶体和晶体的相关参数,同时结合 XRD 的测试结果,能够分析更复杂的组分。但也存在维护和操作设备要求高,进行图像和数据分析时需要研究材料的知识背景等局限性。

(5)红外光谱法。红外光谱分析可以快速测定水泥组成,对水泥生产和应用十分有利。在水泥水化过程中,其红外光谱会发生变化,通过这些变化提供的信息可以反映外界因素对水化过程的影响[160-164]。水的红外吸收光谱带在水化过程中的变化提供了大量的信息,可以用来阐述水泥早期水化的机制[165]。

利用红外吸收光谱不仅可以观察水化过程的变化,还可以根据其吸收峰检测水化物的微观结构特征来分辨硅铝酸钙凝胶(C-A-S-H)和硅铝酸钠凝胶(N-A-S-H)[166]。

红外光谱法具有分析速度快、无损检测、测量精度高和仪器操作与维护简单等优点,但同时也存在不适合分析含水样品、定量分析误差大和图谱分析专业要求高等缺点。

综上所述,以上这几类方法都可以用于测定水泥化学反应过程中的参量,但每种方法都有各自的优缺点,因此,需要根据所研究材料的孔隙结构特征的不同,选择合适的测试方法。通过对比可以发现,XRD 定量方法是精确定量胶凝材料体系中各晶体相含量的有效试验手段,可用于计算水泥化学反应过程中晶态水化产物含量。

1.3　主要研究内容与方法

1.3.1　主要研究内容

本书研究硫酸腐蚀下大孔隙混凝土的孔隙率和渗透率的变化规律,通过试验分析腐蚀槽中硫酸液浓度、骨料配比 Talbot(泰波)指数和水泥含量对硫酸扩散、水化和腐蚀反应的影响,讨论了混凝土孔隙结构的变化,利用反应动力学模型解释腐蚀过程中渗透率演化的机理。本书主要研究内容包括以下几个方面:

(1)硫酸腐蚀下大孔隙混凝土孔隙结构演化表征。开展大孔隙混凝土的微观孔隙结构扫描试验,研究大孔隙混凝土孔隙结构随腐蚀时间的变化规律。应用连续介质力学理论建立由体积元物质导数表达的孔隙率演化方程,实现大孔隙混凝土孔隙结构演化的表征。

（2）硫酸腐蚀后大孔隙混凝土渗透试验。针对大孔隙混凝土孔隙率大、胶结强度低的特点，研制一套能够实现大流量、低压差、高精度控制的渗透试验系统。通过三因素多水平试验，分析腐蚀槽中硫酸液浓度、骨料级配 Talbot 指数和水泥含量对大孔隙混凝土渗透率的影响规律。

（3）硫酸作用下大孔隙混凝土渗透率演化模型。应用连续介质力学和化学反应动力学理论，建立一种综合考虑大孔隙混凝土水泥水化、硫酸扩散、腐蚀作用及反应级数时变的渗透率演化模型，设计一种能够体现该模型反应级数跳跃的响应计算方法。分析反应级数、反应速率、质量浓度、硫酸扩散系数和扩散速度、孔隙率、渗透率等物理量沿试样径向的分布及其变化规律。

（4）硫酸腐蚀下大孔隙混凝土渗透率模型参量反演。选定硫酸腐蚀下大孔隙混凝土渗透率演化模型的决策变量，构建一种决策参量的优化方法，结合部分物质质量浓度的实测结果反演出该模型的决策参量，得到硫酸液浓度、骨料级配 Talbot 指数和水泥含量对决策变量的影响规律。

（5）硫酸腐蚀下大孔隙混凝土渗透率演化机理。通过对比渗透率演化模型的计算结果与渗透试验实测值，验证渗透率演化模型及响应算法的适用性。分析增广域和反应域上液态物质和固态物质体积分数、质量浓度、孔隙率和渗透率的变化规律，揭示硫酸腐蚀下大孔隙混凝土孔隙率和渗透率的演化机理。

研究目标包括以下几个方面：

（1）建立有效表征合缩效应的大孔隙混凝土孔隙率和渗透率演化方程。

（2）研制出大孔隙混凝土渗透试验系统。

（3）建立硫酸腐蚀下大孔隙混凝土渗透率演化模型，并设计出动力学响应计算方法。

（4）提出扩散系数参考值和幂指数以及反应速率常数的优化方法，通过试验分析，得到腐蚀槽中硫酸液浓度、骨料级配 Talbot 指数和水泥含量对硫酸扩散系数和反应速率常数的影响规律。

（5）揭示腐蚀过程中大孔隙混凝土的孔隙率和渗透率的演化机理。

1.3.2 研究方法及技术路线

本书以试验的方法辅以理论分析和数值模拟，深入探讨腐蚀槽中硫酸液浓度、骨料级配 Talbot 指数和水泥含量对大孔隙混凝土渗透率的影响规律，采用的研究方法和技术路线如图 1-4 所示，具体内容如下：

（1）利用扫描电子显微镜观察孔隙中晶须结构的变化，从微观上认识大孔隙混凝土孔隙率变化的过程。

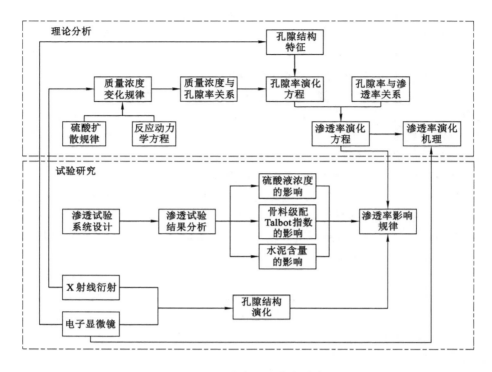

图 1-4　研究方法和技术路线

（2）设计大孔隙混凝土标准试样渗透试验系统（包括渗透仪），利用大孔隙混凝土标准试样渗透试验系统，完成样本渗透试验，得到了腐蚀槽中硫酸液浓度、骨料级配 Talbot 指数和水泥含量对大孔隙混凝土渗透率的影响规律。

（3）应用连续介质力学和反应动力学（物理化学）的理论和方法，分别建立硫酸液在混凝土中扩散的质量守恒方程、水化与腐蚀反应中的质量守恒方程、孔隙率和渗透率演化方程，进而建立硫酸扩散过程中水泥水化和腐蚀反应动力学模型。

（4）利用 X 射线衍射仪测定水泥的物相，为确定水泥各组分的质量分数提供基础。利用常微分方程理论确定硫酸反应动力学模型的部分参量，选择其余参量为硫酸反应动力学模型的决策变量，并构建一种优化决策变量的 Monte-Carle（蒙特-卡罗）法。通过试验分析腐蚀槽中硫酸液浓度、骨料级配 Talbot 指数和水泥含量对硫酸反应动力学模型决策变量的影响规律。

（5）根据大孔隙混凝土孔隙中晶须结构以及质量浓度、反应速率等物理量的变化规律，揭示硫酸腐蚀下大孔隙混凝土渗透率演化机理。

1.3.3 主要创新点

本书通过试验分析腐蚀槽中硫酸液浓度、骨料级配 Talbot 指数和水泥含量对大孔隙混凝土渗透率的影响规律。综合运用连续介质力学、普通化学和物理化学(反应动力学)的理论解释硫酸腐蚀下大孔隙混凝土渗透率变化的机理。本书主要创新成果如下：

(1) 研制了一种利用液压泵向双作用液压缸的有杆腔注入稳定的油压,通过油压驱动无杆腔内水向试样渗透的"油驱水渗"式渗透试验系统。解决了大孔隙混凝土渗透测试中流量大、渗透压差小以及难以保证试验中渗透压的稳定性等问题。试验得到了硫酸液浓度、骨料级配 Talbot 指数和水泥含量对大孔隙混凝土渗透率的影响规律。

(2) 针对大孔隙混凝土水化和腐蚀反应的链式特征,提出了一种由体积元物质导数表示的合缩系数定义,建立了能够有效表征合缩系数与质量浓度变化关系的孔隙率和渗透率演化方程。分析得到了大孔隙混凝土水化和腐蚀反应过程中固态物质体积分数和孔隙微观结构的动态变化规律,揭示了硫酸腐蚀下大孔隙混凝土渗透率变化机理。

(3) 应用连续介质力学和化学反应动力学理论,首次建立了一种能够综合考虑大孔隙混凝土水泥水化、硫酸扩散、腐蚀作用及反应级数时变的动力学模型,并设计出了一种能够体现反应级数跳跃的动力学响应计算方法,分析得到了硫酸液浓度、骨料级配 Talbot 指数和水泥含量对渗透率的影响规律。计算结果与实测值具有较好的印证性。

(4) 确定硫酸作用下大孔隙混凝土反应动力学模型的 12 个参量,需要通过试验方法获取 15 种物质的质量浓度,其难度及工作量大。本书利用 4 种容易测得的物质的质量浓度,借助 Monte-Carle 法反演得到该模型的全部参量。为求解链式化学反应的速率常数提供一种简便、有效的途径。

2 硫酸腐蚀下大孔隙混凝土孔隙结构演化表征

　　大孔隙混凝土的孔隙结构特征有别于传统混凝土，具有良好的渗透性，可以实现储存雨水、减小城市环岛效应。根据渗流力学理论，混凝土的渗透性是由孔隙结构决定的。酸性雨水中的酸性物质会导致混凝土孔隙率和渗透率的变化，从而影响混凝土路面的透水性能。因此，本章在了解大孔隙混凝土孔隙结构特征的基础上，通过观察不同硫酸腐蚀时间下大孔隙混凝土的孔隙结构变化规律，建立考虑合缩效应的孔隙率演化方程，为揭示硫酸腐蚀下大孔隙混凝土渗透性演化机理提供微观特征分析基础。

2.1　大孔隙混凝土透水效应

　　大孔隙混凝土是一种主要由骨料和水泥配制而成，具有透气透水特性的多孔建筑材料。与常规混凝土相比，大孔隙混凝土的水泥用量较小，水泥与骨料质量之比一般介于 0.22～0.26 之间。大孔隙混凝土的凝聚状态为连锁状态[167]，骨料之间的孔隙未被水泥完全充填，渗透通道除了水泥基的孔隙外，还有大量被空气占据的孔隙，如图 2-1 所示。

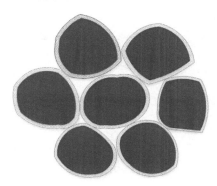

图 2-1　大孔隙混凝土孔隙结构

　　大孔隙混凝土的骨料级配方案有三类,分别为连续级配、间断级配和单一级配,堆积骨料的孔隙状态如图 2-2 所示。从透水性来看,单一级配和间断级配优于连续级配;从力学性能来看,连续级配优于单一级配和间断级配。因此,考虑两方面因素,在制备大孔隙混凝土时,一般选用间断级配或单一级配[167]。

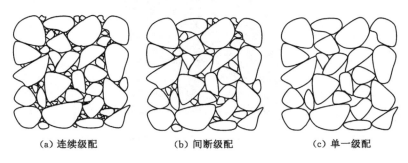

(a) 连续级配　　　　　　(b) 间断级配　　　　　　(c) 单一级配

图 2-2　不同级配骨料堆积的孔隙状态

　　水泥用量影响大孔隙混凝土的强度和孔隙率,当水泥用量较小时,制备的大孔隙混凝土孔隙率较大,但强度较低;当水泥用量较大时,制备的大孔隙混凝土强度较高,但孔隙率不能满足要求。在制备大孔隙混凝土试件时,水泥与骨料质量之比一般介于 0.22～0.26 之间。

　　水泥浆体的稠度是影响混凝土结构均匀性的主要指标,而稠度是由水灰比决定的。当水灰比较小时,水泥浆体稠度过大,水化反应不充分,硬化后强度较低;当水灰比较大时,水泥浆体稠度过小,导致骨料与浆体离析。一旦出现骨料与浆体的离析现象,则在试样表层出现一条明显的分界线,如图 2-3 所示。分界线之上的混凝土孔隙率较大而强度较低,分界线之下的混凝土孔隙率较小而强度较高。在制备大孔隙混凝土时,一般水灰比为 0.35 左右。

　　大孔隙混凝土因具有透水、透气性,又被称为"会呼吸的混凝土",广泛应用于景观路面、轻交通、承载路面等领域[167]。在应用到景观路面时,需考虑环境的协调来设计混凝土,可采用具有彩色、露骨料、表面纹理等特殊功能的透水混凝土。用于景观路面的混凝土除了要满足路用要求的物理力学性能指标外,还要满足环境生态方面的透水性要求,此外还要有与环境相协调的美学效果,如图 2-4(a)所示。应用于城镇街道、小区内的路面、停车场等轻交通路面的混凝土,可以实现水分和空气交换的生态平衡,体现人与自然和谐共生的理念,如图 2-4(b)所示。大孔隙混凝土应用于承载路面时,良好的透水性和透气性有利于补给地下水,降低路面表层温度,减弱车胎噪声,如图 2-4(c)所示。应用于海绵城市建设的混凝土,有助于补充地下水资源,维持地下水文的

图 2-3　水泥浆体与骨料的离析

自然生态平衡;有效地收集雨水,并将其作为环境和市政用水;为以微生物为主体的动植物群种,提供舒适的栖息环境;吸收多余热量,缓解"热岛效应",如图 2-4(d)所示。

| (a)　景观路面 | (b)　停车场 |
| (c)　承载路面 | (d)　海绵城市 |

图 2-4　大孔隙混凝土应用场合

2.2 微观孔隙结构分析

硫酸腐蚀下混凝土的组分与水、硫酸发生化学反应,反应过程中一部分原来被液体占据的空间出现晶须。随着晶须的生长,混凝土孔隙的数量、体积以及连通性发生显著变化。为了掌握大孔隙混凝土的透水机理,本节对孔隙结构做简短的微观分析。

2.2.1 微观分析的设备与样本

本章通过扫描电子显微镜观察大孔隙混凝土试样腐蚀过程中的细观形貌特征。本试验使用的设备为捷克 TESCAN 公司生产的 VGEA-3 扫描电子显微镜试验系统,如图 2-5(a)所示。

(a) 扫描电子显微镜试验系统　　　(b) 离子溅射仪器　　　(c) 待测试样

图 2-5　形貌特征测试试验设备及试样

在大孔隙混凝土圆柱体试样上采集直径约为 10 mm 的样本。扫描前对样本喷金,喷金设备选用 SBC-12 小型离子溅射仪,如图 2-5(b)所示。喷金后,将试样放入烘箱中,在 60 ℃的温度下烘烤 24 h,烘干后的样本如图 2-5(c)所示。

2.2.2 孔隙结构演化规律

图 2-6 给出了骨料级配 Talbot 指数为 0.4,水泥含量为 580 g,水灰比为 0.38,硫酸液 pH 值为 2,腐蚀时间分别为 0 d、7 d、21 d 和 35 d,放大倍数为 2 000时样本的扫描图片。

由图 2-6 可以看出,随着腐蚀时间的增大,孔隙中晶须的数量、直径、长度、排列方向均发生剧烈变化,相应地,孔隙体积逐渐减小。当腐蚀时间为 0 d 时,孔隙中没有晶须;当腐蚀时间为 7 d 时,孔隙中稀疏地分散着细小的晶须,且大

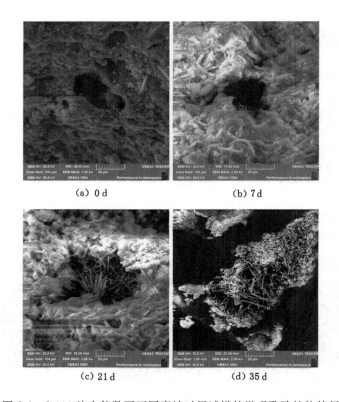

(a) 0 d   (b) 7 d

(c) 21 d   (d) 35 d

图 2-6   2 000 放大倍数下不同腐蚀时间试样的微观孔隙结构特征

部分晶须位于孔壁附近;当腐蚀时间为 21 d 时,孔隙中晶须的数量增多,且长度和直径增大;当腐蚀时间为 35 d 时,孔隙中的晶须排列无序,大部分晶须由于互相挤压断裂而呈藻状分布。

2.3 大孔隙混凝土孔隙率的物质导数

硫酸腐蚀下大孔隙混凝土试样孔隙率的变化经历养护和腐蚀两个阶段。骨料级配、水泥含量和水灰比仅仅决定了大孔隙混凝土试样的初始孔隙率,在养护和腐蚀阶段,随着液体物质质量分数的减小和固态物质质量分数的增大,试样的孔隙率会发生连续的变化。因此,研究大孔隙混凝土的透水效应必须考虑孔隙结构的演化规律。

2.3.1 合缩效应与合缩系数

当固态物质与液态物质发生反应时,部分液态物质转化为固态物质,相应地,液体物质占据的体积减小,固体物质占据的体积增大。因此,孔隙率变小,透水性减弱。

记体积元 $\delta\Omega$ 中固态物质的体积为 $\delta\Omega_s$,液态物质的体积为 $\delta\Omega_{liq}$,孔隙率为 ϕ,则有:

$$\delta\Omega_{liq} = \phi\delta\Omega \tag{2-1}$$

$$\delta\Omega_s = (1-\phi)\delta\Omega \tag{2-2}$$

在硫酸腐蚀过程中,随着水和硫酸的消耗,液态物质的体积 $\delta\Omega_{liq}$ 减小,而固态物质的体积 $\delta\Omega_s$ 增大,即 $\dfrac{d}{dt}(\delta\Omega_{liq}) < 0$,$\dfrac{d}{dt}(\delta\Omega_s) > 0$,其中 t 为时间。

大量试验表明,固态物质增大的体积总是小于液态物质减小的体积,即 $\left|\dfrac{d}{dt}(\delta\Omega_s)\right| < \left|\dfrac{d}{dt}(\delta\Omega_{liq})\right|$。

这种效应称为合缩效应。合缩效应通常用合缩系数 ω 描述,其定义式如下:

$$\omega = -\frac{\dfrac{d}{dt}(\delta\Omega_s)}{\dfrac{d}{dt}(\delta\Omega_{liq})} \tag{2-3}$$

表 2-1 给出了 7 种典型水化反应的合缩系数。

表 2-1 水泥水化反应的合缩系数

项目	反应物		反应产物	固态物质体积变化/cm³	合缩系数
$CaO + H_2O \longrightarrow Ca(OH)_2$					
密度/($\times10^3$ g·cm⁻³)	3.32	1.00	2.32	15.6	0.866
质量/g	56.1	18.00	74.10		
体积/cm³	16.81	18.00	32.45		
$CaSO_4 \cdot \frac{1}{2}H_2O + \frac{3}{2}H_2O \longrightarrow CaSO_4 \cdot 2H_2O$					
密度/($\times10^3$ g·cm⁻³)	2.60	1.00	2.32	18.4	0.680
质量/g	145.00	27.00	172.00		
体积/cm³	55.77	27.00	74.14		

表 2-1(续)

项目	反应物			反应产物	固态物质体积变化/cm³	合缩系数
$2(3CaO \cdot SiO_2) + 6H_2O \longrightarrow 3CaO \cdot 2SiO_2 \cdot 3H_2O + 3Ca(OH)_2$						
密度/($\times 10^3$ g·cm⁻³)	3.15	1.00	2.63	2.23	84.7	0.784
质量/g	456.00	108.00	342.00	222.00		
体积/cm³	145.00	108.00	130.00	99.66		
$2(2CaO \cdot SiO_2) + 4H_2O \longrightarrow 3CaO \cdot 2SiO_2 \cdot 3H_2O + Ca(OH)_2$						
密度/($\times 10^3$ g·cm⁻³)	3.28	1.00	2.63	2.23	58.0	0.806
质量/g	344.00	72.00	342.00	74.00		
体积/cm³	105.00	72.00	130.00	33.00		
$CaO \cdot Al_2O_3 + 10H_2O \longrightarrow CaO \cdot AlO_3 \cdot 10H_2O$						
密度/($\times 10^3$ g·cm⁻³)	2.98		1.00	1.72	143.5	0.797
质量/g	158.00		180.00	338.00		
体积/cm³	53.02		180.00	196.51		
$3CaO \cdot Al_2O_3 + 6H_2O \longrightarrow 3CaO \cdot AlO_3 \cdot 6H_2O$						
密度/($\times 10^3$ g·cm⁻³)	3.04		1.00	2.56	58.9	0.545
质量/g	270.00		108.00	378.00		
体积/cm³	88.81		108.00	147.66		
$3CaO \cdot Al_2O_3 + 3CaSO_4 \cdot 2H_2O + 26H_2O \longrightarrow 3CaO \cdot AlO_3 \cdot 3CaSO_4 \cdot 32H_2O$						
密度/($\times 10^3$ g·cm⁻³)	3.04	2.32	1.00	1.73	413.7	0.884
质量/g	270.00	516.00	468.00	1 254.00		
体积/cm³	88.81	222.41	468.00	724.9		

需要说明的是,在硫酸腐蚀过程中,水泥中反应物的摩尔质量并不与计量系数成比例,并且反应物也不是瞬间消耗的。但是,单位时间内反应物和生成物的摩尔质量的变化率与计量系数成比例,故每个反应的合缩系数是恒定的。腐蚀过程中,多个反应是同时进行的,故合缩系数的计算略微复杂。

2.3.2 孔隙率与合缩系数的关系

大孔隙混凝土试样水化后形成硬化的整体多孔结构,水化过程共经历初始反应期、潜伏期、凝结期和硬化期四个阶段。在初始反应期,硅酸三钙水化生成水化硅酸钙和氢氧化钙晶体,同时铝酸三钙溶于水与石膏发生反应,生成钙矾石;在潜伏期,在水泥颗粒表面会生成由水化产物(水化硅酸钙溶胶和钙矾石晶体)构成的膜层;在凝结期,固态物质的体积增大,导致原来被液体占据的体积中的相当大的一部分被固体占据,故水化后孔隙率减小;在硬化期,随着反应时间的增大,水化反应速率越来越小,故此期间孔隙率变化不大,最终形成由骨料、凝胶体和未完全水化的水泥颗粒组成的多孔介质。

改写式(2-2),得到:

$$1 - \phi = \frac{\delta\Omega_s}{\delta\Omega} \tag{2-4}$$

对式(2-4)求物质导数,得到:

$$\frac{\mathrm{d}\phi}{\mathrm{d}t} = -\frac{\left(\frac{\mathrm{d}}{\mathrm{d}t}(\delta\Omega_s)\right)\delta\Omega - \delta\Omega_s\left(\frac{\mathrm{d}}{\mathrm{d}t}(\delta\Omega)\right)}{(\delta\Omega)^2} \tag{2-5}$$

将 $\frac{\mathrm{d}}{\mathrm{d}t}(\delta\Omega) = \frac{\mathrm{d}}{\mathrm{d}t}(\delta\Omega_{liq}) + \frac{\mathrm{d}}{\mathrm{d}t}(\delta\Omega_s)$、$\delta\Omega_s = (1-\phi)\delta\Omega$ 以及 $\frac{\mathrm{d}}{\mathrm{d}t}(\delta\Omega_s) = -\omega\frac{\mathrm{d}}{\mathrm{d}t}(\delta\Omega_{liq})$ 代入式(2-5),得到:

$$\frac{\mathrm{d}\phi}{\mathrm{d}t} = -\frac{-\omega\delta\Omega\frac{\mathrm{d}}{\mathrm{d}t}(\delta\Omega_{liq}) - (1-\phi)\delta\Omega\left(\frac{\mathrm{d}}{\mathrm{d}t}(\delta\Omega_{liq}) - \omega\frac{\mathrm{d}}{\mathrm{d}t}(\delta\Omega_{liq})\right)}{(\delta\Omega)^2} \tag{2-6}$$

化简式(2-6),得到:

$$\frac{\mathrm{d}\phi}{\mathrm{d}t} = [1 - \phi(1-\omega)]\frac{\frac{\mathrm{d}}{\mathrm{d}t}(\delta\Omega_{liq})}{\delta\Omega} \tag{2-7}$$

式(2-7)便是由体积元物质导数表示的混凝土孔隙率演化方程。

2.4 本章小结

本章介绍了大孔隙混凝土的透水效应,分析了混凝土在腐蚀过程中孔隙微观结构的演化规律,建立了孔隙率演化方程。通过研究,得出以下结论:

(1)在腐蚀过程中,混凝土孔隙中生成晶须,随着腐蚀时间的增加,孔隙中晶须的数量、直径、长度、排列方向均发生剧烈变化,相应地,孔隙体积逐渐减小。这是由于在腐蚀过程中,部分液态物质转化为固态物质,导致被液体占据的孔隙体积转为固体体积,孔隙率减小。

(2)提出了一种由体积元物质导数表示合缩系数的定义,建立了能够有效表征合缩系数与质量浓度变化率关系的孔隙率和渗透率演化方程。

3 硫酸腐蚀后大孔隙混凝土渗透试验

  大孔隙混凝土具有孔隙率大、胶结强度低的特点,在较高的渗透压力下骨料颗粒间容易发生相对位移,相应地,孔隙结构发生显著变化。特别是经过硫酸长时间的腐蚀,孔隙结构的稳定性降低,渗透率的测量难度进一步增大。本章在了解大孔隙混凝土孔隙结构特征的基础上,研制了一套具备渗透、密封、稳定水压、水压调节和数据采集功能的渗透试验系统。利用该系统完成大孔隙混凝土试样渗透试验,分析硫酸液浓度(pH 值)、骨料级配 Talbot 指数和水泥含量对渗透率的影响。

3.1 试验原理和系统

  渗透率是大孔隙混凝土的关键指标。测试大孔隙混凝土试样的渗透率必须首先选择或设计试验系统,而设计试验系统的前提是掌握试验原理。渗流力学研究流体在孔隙介质中的流动规律,主要讨论压力(梯度)与渗流速度的关系。在渗流力学中渗透剂与渗透介质是两个最基本的概念,渗透率则是渗透剂与渗透介质之间发生相互作用时表现出来的属性。因此,设计渗透试验系统应围绕渗透介质(大孔隙混凝土)和渗透剂(水)这两种物质的性质展开叙述。

3.1.1 试验原理

  目前,大孔隙混凝土渗透率的测定方法大致分为两大类:定水头测定法和落水头测定法。这两类测定方法适用范围基本相同,即当“流经大孔隙混凝土的水流加速度可以忽略不计”假设成立时测定的渗透率才可信,否则需要考虑渗流速度的变化(即便是定水头渗透试验,试样中渗流速度也不可能瞬间达到稳定状态)。

  在定水头测定法中,试样两端的水压保持不变,通过一定时间内透过试样的水量来计算出试样的渗透率。试验前,应使试样中的水达到饱和状态。这是因为,如果试样未充分饱和,在水流刚刚进入试样的一段时间内,由于驱替试样孔隙中的空气,水压会出现一定幅度的波动。另外,水箱容器应足够大,这样渗透时间才足够长,计算误差才能减小到工程实际要求。

图 3-1 为国内常用的渗透试验装置结构示意图,试样上段水头由溢流口调节,试样下端水头由溢流水槽侧壁上溢流口调节,在测试过程中试样两端的水头差保持恒定。

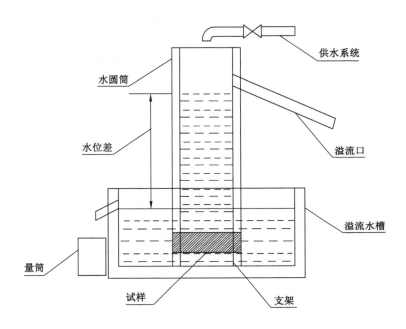

图 3-1 渗透试验装置结构示意图

在国外,日本对大孔隙混凝土的渗透性研究起步较早,他们也采用定水头测定法来测定渗透率,同时研发了相关的试验仪器,并制定了国家标准。图 3-2 给出了一种代表性的试验装置。在图 3-2 中,浮球阀可以实现试样两端的水压力为恒定值,同时也能实现水头的调节,因而可以测定不同水头下的渗透率。

记大孔隙混凝土试样的半径为 a_s,高度为 H_s,水的渗透方向为从上往下,流量为 Q,上端压力为 p_t,下端压力为 p_b,则横截面积为 $A_s = \pi a_s^2$,沿水流方向的压力梯度为:

$$G_p = \frac{p_b - p_t}{H_s} \tag{3-1}$$

渗流速度为:

$$v = \frac{Q}{A_s} \tag{3-2}$$

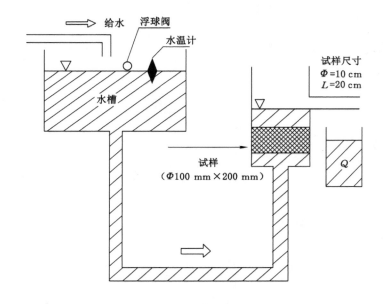

图 3-2　日本渗透率试验装置原理图

根据 Darcy(达西)定律,有:

$$v = -\frac{k}{\mu}G_p \tag{3-3}$$

式中,μ 为动力黏度系数,k 为渗透率。

将式(3-1)和式(3-2)代入式(3-3),得到:

$$\frac{Q}{A_s} = \frac{k}{\mu}\frac{p_t - p_b}{H_s} \tag{3-4}$$

由式(3-4)可以计算出渗透率,即

$$k = \frac{\mu H_s Q}{A_s(p_t - p_b)} \tag{3-5}$$

在落水头测定法中,水头的高度会随时间的增加而降低,因此也称作变水头测定法。透水仪的结构原理和实物照片如图 3-3 所示。

在落水头测定法中,试样上端压力和流量随时间 t 变化。将测量总时间 $[0,T]$ 分为 N_t 个区间 $[t_i^1, t_i^2]$, $i = 1, 2, \cdots, N_t$。其中, $t_i^1 = \frac{(i-1)T}{N_t}$, $t_i^2 = \frac{iT}{N_t}$。

记区间 $[t_i^1, t_i^2]$ 中,流量为 Q_i,试样上端压力为 p_t^i,则有:

$$\frac{Q_i}{A_s} = \frac{k}{\mu}\frac{p_t^i - p_b}{H_s}, i = 1, 2, \cdots, N_t \tag{3-6}$$

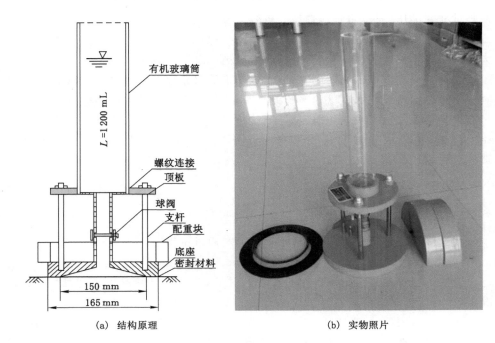

（a）结构原理　　　　　（b）实物照片

图 3-3　透水仪结构原理及实物照片

对 i 求和，得到：

$$\sum_{i=1}^{N_t} \frac{Q_i}{A_s} = \frac{k}{\mu} \frac{\displaystyle\sum_{i=1}^{N_t} p_t^i - N_t p_b}{H_s} \tag{3-7}$$

由式（3-7），得到：

$$k = \frac{\mu H_s \displaystyle\sum_{i=1}^{N_t} \dfrac{Q_i}{A_s}}{\displaystyle\sum_{i=1}^{N_t} p_t^i - N_t p_b} \tag{3-8}$$

3.1.2　试验系统

本书渗透试验采用定水头测定法，渗透试验的对象是硫酸腐蚀到一定时间的大孔隙混凝土。

渗透介质具有以下两个特点：

（1）腐蚀时间为 0 d 的大孔隙混凝土试样比常规混凝土试样的胶结强度低，孔隙结构稳定性差，不能够承受较大的渗透压力。如果试样中水压较大，即便是试样两端压差很小,骨料颗粒间也容易发生相对位移。

(2)硫酸腐蚀到一定时间后,孔隙中产生晶须。晶须的生长进一步降低了大孔隙混凝土试样的胶结强度,试验中水压更应进一步减小。

渗透剂为黏度很低的流体——水,除非采用水箱位置(高度)来控制水压,否则压力难以保持稳定。在试验系统设计时,应间接控制水压并使其稳定。

根据第2章介绍的大孔隙混凝土试样的骨料级配方案、水泥含量和水灰比等因素,并考虑硫酸腐蚀对渗透率的影响,设计大孔隙混凝土渗透试验系统。

(1)系统功能

通过调研与交流,提出如下功能要求。

① 渗透功能

在试样两端施加压力差,使得水可以顺利通过试样。

② 密封良好

良好的密封性是决定渗透试验成功的关键,在保证试验系统密封良好的情况下,才可以精确地测试通过试样的流量。

③ 水压的供给和调节

为了更好地模拟不同量级降雨下大孔隙混凝土的渗流过程,渗流试验系统应具备可以保持不同水压对试样渗透性的影响,即实现在试样两端的水压保持恒定并可调节。

④ 数据信号实时采集

渗透过程中水流压力和渗透流量的数据需要实时采集,为后续试验结果提供精确的采集信号。

(2)性能指标

为了满足大孔隙混凝土渗透性测试数据的准确性和可靠性,提出试验系统的具体性能指标:液压泵站输出油压范围为 $0\sim1.0$ MPa,连续工作 10 h 液压油温度保持在 50 ℃以下;双作用液压缸塞腔(无杆腔)容积不少于 20 L;压力传感器量程为 $0\sim0.1$ MPa,测量精度为 0.2 kPa;流量计的量程为 $0\sim600$ L/h,测量误差不高于总量程的 0.2%;渗透仪内径为 120 mm,高度不小于 220 mm;数据采集系统至少有 2 个通道,采样频率不小于 1 次/s。

(3)系统设计方案

液压油的黏度远大于水,故油压控制精度远比水压控制高。考虑到大孔隙混凝土胶结结构稳定性较差的因素,渗透试验中应尽量减小渗透水压。目前市场上纯水溢流阀只有安全阀的功能,并不是严格意义上的溢流阀。因此,水回路中压力的控制精度很低,不能满足大孔隙混凝土渗透试验的要求。为此,我们提出"油驱水渗"的设计理念,即利用液压泵向双作用液压缸的有杆腔注入稳定的油压,通过油压驱动无杆腔内的水向试样渗透。这种"油驱水渗"式渗透试验系统命名为 XZIT002 型渗透试验系统,系统的设计方案如图 3-4 所示。

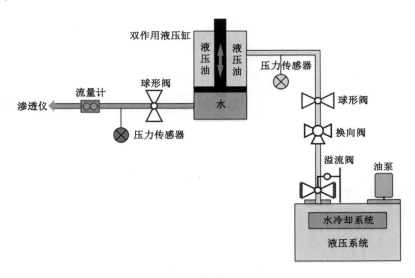

图 3-4　XZIT002 型渗透试验系统设计方案

渗透回路主要由液压系统、水冷却系统、油泵、溢流阀、换向阀、球形阀、压力传感器、双作用液压缸、流量计和渗透仪等组成。该系统通过溢流阀调节水流压力,通过双作用液压缸提供水压力,从而完成大孔隙混凝土的渗透过程,并通过无纸记录仪与计算机相连记录试验过程中的水压力、流量等信号,进行数据采集。数据采集装置如图 3-5 所示。

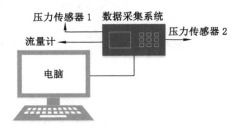

图 3-5　数据采集装置

无纸记录仪是信号采集系统中重要的设备,其工作原理如图 3-6 所示。

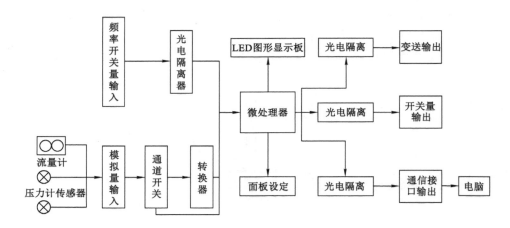

图 3-6　无纸记录仪工作原理图

通过在液压泵上安装冷却器,利用引入自来水实现液压油的冷却。整体设计方案如图 3-7 所示。

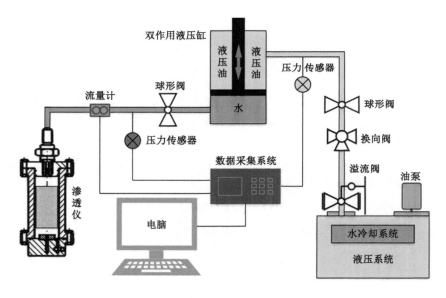

图 3-7　XZIT002 型大孔隙混凝土渗透试验系统

(4) 渗透仪设计

为了克服渗透试验中大孔隙混凝土试样的侧壁渗漏问题,设计了 XZIT003 型渗透仪,如图 3-8 所示。

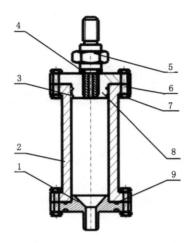

1—锥面底板;2—渗透缸筒;3,9—"O"形橡胶密封圈;4—复合垫圈;5—进水管嘴;6—螺栓;

7—螺母;8—盖板。

图 3-8　XZIT003 型渗透仪

　　渗透仪主要由锥面底板、渗透缸筒、"O"形橡胶密封圈、复合垫圈、进水管嘴、螺栓、螺母、盖板等组成。根据试样尺寸,设计渗透缸筒内径为 120 mm,高度为 260 mm。水由进水管嘴 5 经过盖板 8 进入大孔隙混凝土试样,并经锥面底板 1 流出渗透仪。

　　在试样与渗透缸筒之间充填石蜡。为改善密封效果,试样顶部一小段用腻子密封,此小段高度约为 10 mm。试样的密封方法如图 3-9 所示。

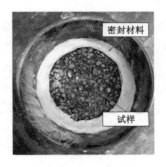

图 3-9　大孔隙混凝土试样密封方法

3.1.3　试验流程

　　大孔隙混凝土渗透特性试验过程包括安装试样、调试试验系统、注水渗透和采集试验数据四个主要环节,试验操作流程如图 3-10 所示。

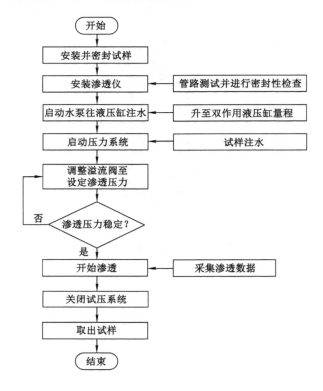

图 3-10　试验操作流程图

（1）安装试样。首先,依据第 2 章介绍的方法将试样放入渗透仪中。其次,将预先在恒温干燥箱内融化的石蜡通过漏斗分三次灌入试样与渗透缸筒内壁之间的间隙里。从而在缸筒与试样之间形成一壁厚约为 10 mm 的石蜡管柱,当此管柱高度为 190 mm 时,停止浇筑石蜡。然后,将搅拌好的糊状腻子涂抹于试样与筒壁之间,腻子上端面比试样高出 5 mm。最后,将试样与渗透仪一起自然风干 1 h。

（2）调试试验系统。安装渗透仪的盖板并根据图 3-7 连接渗透仪,然后开启液压系统加压至 20 kPa,观察渗透试验回路是否密封良好,同时检查质量流量计和压力传感器的读数是否正常。

（3）注水渗透。打开水泵向双作用液压缸内注水,待水泵发出颤抖声后,关闭水泵开关。将水回路与渗透仪连通,打开液压泵,此时双作用液压缸内的水将进入渗透仪中。

（4）采集试验数据。利用无纸记录仪实时采集流量和水压,并将流量和水压的数据传输到计算机。

3.2　试样制备

在渗透试验的大孔隙混凝土试样制作中,人们不仅对骨料颗粒、水泥、外加剂的均匀性有所要求,而且对试样的抗压强度也有一定的要求。均匀性的要求是不言而喻的,而具有一定抗压强度的试样才能保持相对稳定的形状,且便于密封、储存和搬运。

由于大孔隙混凝土中骨料颗粒粒径较大,胶结强度较低,难以利用切削的方法制作试样,故一般采用脱模的工艺制作试样。

3.2.1　试验材料

为了制作出大孔隙混凝土结构,在大孔隙混凝土设计配比时通常采用较少的细骨料,甚至没有细骨料。大孔隙混凝土的强度主要由骨料之间的黏合力决定,而骨料之间的黏合力是由水泥的化学成分(熟料)决定的。因此,制作大孔隙混凝土的水泥宜选用强度等级为42.5及以上的水泥。

本试验采用江苏省徐州市淮海中联水泥有限公司生产的中联牌42.5级普通硅酸盐水泥,其主要熟料的XRD频谱图如图3-11所示,主要化学成分百分比如表3-1所列,主要性能指标如表3-2所列。

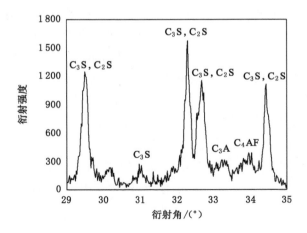

图 3-11　选用水泥的 XRD 频谱图

表 3-1　水泥的主要化学成分百分比

主要化学成分	SiO_2	Al_2O_3	Fe_2O_3	CaO	MgO	C_3S	$Ca(OH)_2$	C_3A
质量百分比/%	21.60	4.13	4.57	64.44	1.06	0.11	0.56	1.74

表 3-2　水泥的主要性能指标

体积	比表面积	凝结时间/h		抗压强度/MPa		抗折强度/MPa	
安定性	/($m^2 \cdot kg^{-1}$)	初凝时间	终凝时间	3 d	28 d	3 d	28 d
合格	＞300	0.75	6.5	24.0	52.0	5.5	8.0

本试验采用的骨料是由江苏生力建设集团有限公司提供的玄武岩,其主要性能指标如表 3-3 所列。

表 3-3　玄武岩骨料的主要性能指标

粒径/mm	压碎值/%	针片状含量/%	含泥量/%
5～20	2.5	0.45	0.25

3.2.2　试样制作装置

在大孔隙混凝土的室内渗透试验中,骨料颗粒粒径和试样尺寸之间应满足一定的关系。当试样直径大于 125 mm 时,骨料的最大粒径一般不超过 25 mm[168]。当试样直径小于或等于 125 mm 时,应避免骨料颗粒的尺寸效应,吴疆宇等[169]建议试样的直径至少大于最大粒径的 5 倍。本书圆柱形试样的直径为 100 mm,根据该建议,取最大粒径的骨料为 20 mm。

为了制作出符合规范的试样,我们自行设计了一套大孔隙混凝土试样制作装置 XZIT001。该装置主要由筒体、上底板、下底板、压条、螺柱和螺母组成,如图 3-12(a)所示。

筒体为外方内圆的柱体,内径为 100 mm,高度为 220 mm,可以制作 Φ100 mm×200 mm 的标准试样。为了便于试样的取出,筒体采用可分离结构,如图 3-12(b)所示。

3.2.3　试样制作

试样制作分为三个步骤,第一步为确定配比,第二步为搅拌、浇筑和保养,第

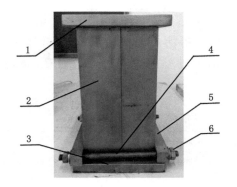

（a）装置的组成 　　　　　　　　　　（b）可分离筒体的结构

1—上底板；2—筒体；3—下底板；4—螺柱；5—压条；6—螺母。

图 3-12　XZIT001 大孔隙混凝土试样制作装置

三步为腐蚀。

（1）确定配比

试样由骨料、水泥和水搅拌而成，确定配比需要考虑三个问题，即水泥用量、水灰比和骨料的级配方案。确定配比的核心问题是确定不同粒径区间骨料的质量（百分比），确定配比的原则和过程如下。

冲洗碎石去掉泥沙，晒干后将碎石筛分出 5～7 mm、9～11 mm、12～14 mm、15～17 mm 和 18～20 mm 5 种粒径区间的骨料，如图 3-13 所示。

（a）晾晒中的碎石 　　　　　　　　　　（b）筛分后的骨料

图 3-13　不同状态的骨料

5 种粒径区间的骨料质量根据 Talbot 级配理论计算。记骨料总质量为 M_t，骨料级配 Talbot 指数为 n，第 i 个粒径区间的左右端点值分别为 d_{1i} 和 d_{2i}，则该区间的骨料质量为：

$$M_{gi} = \left[\left(\frac{d_{1i}}{d_{\max}} \right)^n - \left(\frac{d_{2i}}{d_{\max}} \right)^n \right] M_t, i = 1, 2, \cdots, 5 \qquad (3-9)$$

试样中骨料颗粒的总质量为 2 580 g，根据式(3-9)可以计算出骨料级配 Talbot 指数分别为 0.2、0.4、0.6 和 0.8 时 5 种粒径区间的骨料质量，如表 3-4 所示。

表 3-4　不同骨料级配 Talbot 指数下骨料的质量

骨料级配 Talbot 指数 n	不同粒径颗粒的骨料质量/g				
	5～7 mm	9～11 mm	12～14 mm	15～17 mm	18～20 mm
0.2	2 091	198	113	95	83
0.4	1 695	336	206	181	162
0.6	1 374	428	281	257	240
0.8	1 114	485	340	326	315

水灰比是混凝土制备时水的用量与水泥用量的质量比值。水灰比的大小会影响硬化后混凝土的结构特征和孔隙率，因而在组成材料给定的情况下，水灰比是影响混凝土力学性能和渗透特性的重要因素。如果水灰比过小，浆体会过于干硬，仅可以将骨料颗粒包裹，不能将颗粒充分地黏结，硬化后强度较低；如果水灰比过大，将会出现骨料离析的现象，同样会使颗粒黏结不牢，使得下部的孔隙被堵塞而丧失透水性。因此，对于大孔隙混凝土需要选择合适的水灰比，才可以同时满足强度和透水性的要求。国内外学者研究设定的水灰比都在 0.35 左右，本书结合试验骨料的粒径分配和采购水泥的特点，经过多次试样的试做，最终确定试验的水灰比为 0.38。

水泥用量的多少直接影响大孔隙混凝土的强度和透水性，水泥用量通常以 1 m³ 混凝土中的骨料水泥的比值 G/C 来表示，该比值通常在 3.9～4.8 之间。当制备孔隙率较小(15%左右)的混凝土时，G/C 值取接近下限值；当制备的混凝土孔隙率在 15%～20% 时，G/C 值在中间部分；当制备的混凝土孔隙率在 20%～30% 时，G/C 值取上限值。G/C 值也受骨料颗粒的粒型、粒径和级配情况的影响，接近圆形的骨料颗粒、粒径越大的骨料颗粒以及级配密实的骨料颗粒，取值应接近上限值。本书讨论大孔隙混凝土的渗透性，故 G/C 值取上限值，每个试样的水泥用量取值范围为 540～600 g。

借鉴国内外学者的经验，取养护时间为 28 d。

综合考虑级配、水灰比、水泥用量和养护时间，制订出试样配制方案，如表 3-5 所列。

表 3-5　大孔隙混凝土试样配制方案

骨料级配 Talbot 指数 n	水泥用量/g	用水量/mL	水灰比	养护时间/d
0.2	580	220.0		
0.4	540	204.8		
0.4	560	212.4	0.38	28
0.4	580	220.0		
0.4	600	227.6		
0.8	580	220.0		

（2）搅拌、浇筑和保养

按照表 3-4 和表 3-5 称取骨料、水泥和水并搅拌成均匀的料浆，将浆液倒入 XZIT001 大孔隙混凝土试样制作装置中。在盖板上施加载荷，使试样达到预定高度。试样在室温下固结 24 h，脱模后放入标准养护室内养护 28 d。

（3）腐蚀

将养护后的试样放置于图 3-14 所示的腐蚀槽中，使硫酸液向试样扩散。扩散到试样中的硫酸液与水泥熟料发生链式反应，孔隙率发生变化，待腐蚀时间达到预定值时，测定试样的渗透率。腐蚀槽中硫酸液浓度设计为四级，pH 值分别为 2、3、4 和 5，腐蚀时间设为 0 d、7 d、21 d、35 d 和 49 d。图 3-15 给出了部分大孔隙混凝土试样。

图 3-14　盛有硫酸溶液的腐蚀槽　　　　图 3-15　部分大孔隙混凝土试样

3.3　试验方案

影响大孔隙混凝土渗透率的主要因素有三个，分别为腐蚀槽中硫酸液的

pH 值、骨料级配 Talbot 指数和水泥含量。因此,为了掌握大孔隙混凝土渗透率随腐蚀时间的变化规律,设计了"三因素四水平"试验。其中腐蚀槽中硫酸液浓度的四个水平分别为 pH＝2、pH＝3、pH＝4 和 pH＝5(对应的质量浓度分别为 4.9×10^{-1} kg/m³、4.9×10^{-2} kg/m³、4.9×10^{-3} kg/m³ 和 4.9×10^{-4} kg/m³),骨料级配 Talbot 指数的四个水平分别为 0.2、0.4、0.6 和 0.8,水泥含量的四个水平分别为 540 g、560 g、580 g 和 600 g(对应的骨灰质量比值分别为 4.78、4.61、4.45 和 4.29)。

大孔隙混凝土孔隙率和渗透率在腐蚀的前期变化较快,随腐蚀时间的增加,孔隙率和渗透率逐渐平缓。根据第 2 章微观分析的结果,当腐蚀时间大于 35 d 时,晶须数量、尺寸和排列方向不再发生显著变化,因此,我们取腐蚀时间的最大值为 49 d。考虑到试验成本,试样的腐蚀时间设定为 0 d、7 d、21 d、35 d 和 49 d。试验方案如表 3-6 所列。

表 3-6　大孔隙混凝土渗透试验方案

硫酸液 pH 值	水泥含量 M_c/g	骨料级配 Talbot 指数 n	腐蚀时间/d
2			
3	580	0.4	0、7、21、35、49
4			
5			
	540		
2	560	0.4	0、7、21、35、49
	580		
	600		
		0.2	
2	580	0.4	0、7、21、35、49
		0.6	
		0.8	

考虑到渗透率的离散性,每种条件下的试样数量为 4。因此,试样总数为 $(4+4+4-2) \times 5 \times 4 = 200$。

3.4　试验结果与分析

根据试验方案,完成了 200 个试样的渗透试验。渗透液体为水,质量密度为

$\rho_w = 1.00 \times 10^3 \ \text{kg/m}^3$，动力黏度系数 $\mu = 1.013 \times 10^{-3} \ \text{Pa} \cdot \text{s}$。试样半径 $a_s = 50 \ \text{mm}$，高度 $H_s = 200 \ \text{mm}$，顶部圆形面积 $A_s = 7.85 \times 10^{-3} \ \text{m}^2$。双作用液压缸内径为 200 mm，行程为 650 mm，则容积 $B_{cyl} = 2.04 \times 10^{-2} \ \text{m}^3$。

试验中试样上端压力 p_t 保持为 1.0×10^{-2} MPa，下端与大气连通（$p_b = 0$）。记录双作用液压缸活塞完成一个冲程所需的时间 T_{str}，进而计算流量 $Q = \dfrac{B_{cyl}}{T_{str}}$。然后，便可根据式（3-5）计算出渗透率。下面将分别给出三因素（硫酸液的 pH 值、骨料级配 Talbot 指数和水泥含量）下，不同腐蚀时刻试样渗透率的试验数据。

表 3-7 给出了骨料级配 Talbot 指数为 0.4，水泥含量为 580 g，硫酸液的 pH 值分别为 2、3、4 和 5，腐蚀时刻分别为 0 d、7 d、21 d、35 d 和 49 d 条件下 4 个试样的渗透率 k_{spc} 以及平均渗透率 k。

表 3-7　不同硫酸液浓度下试样的渗透率

硫酸液 pH 值	腐蚀时间 /d	样本序号	T_{str}/s	$Q/(\text{m}^3 \cdot \text{s}^{-1})$	k_{spc}/m^2	k/m^2
2	0	1	4.77×10^2	4.19×10^{-5}	1.07×10^{-10}	1.67×10^{-10}
		2	2.26×10^2	8.84×10^{-5}	2.25×10^{-10}	
		3	2.54×10^2	7.87×10^{-5}	2.00×10^{-10}	
		4	3.75×10^2	5.33×10^{-5}	1.36×10^{-10}	
	7	1	3.39×10^2	5.91×10^{-5}	1.50×10^{-10}	1.57×10^{-10}
		2	4.50×10^2	4.45×10^{-5}	1.13×10^{-10}	
		3	2.61×10^2	7.66×10^{-5}	1.95×10^{-10}	
		4	3.01×10^2	6.65×10^{-5}	1.69×10^{-10}	
	21	1	2.40×10^2	8.34×10^{-5}	2.12×10^{-10}	1.53×10^{-10}
		2	3.19×10^2	6.28×10^{-5}	1.60×10^{-10}	
		3	6.05×10^2	3.31×10^{-5}	8.42×10^{-11}	
		4	3.27×10^2	6.11×10^{-5}	1.56×10^{-10}	
	35	1	7.02×10^2	2.85×10^{-5}	7.25×10^{-11}	1.50×10^{-10}
		2	3.44×10^2	5.81×10^{-5}	1.48×10^{-10}	
		3	2.89×10^2	6.92×10^{-5}	1.76×10^{-10}	
		4	2.50×10^2	7.99×10^{-5}	2.03×10^{-10}	

表 3-7(续)

硫酸液 pH 值	腐蚀时间 /d	样本序号	T_{str}/s	$Q/(m^3 \cdot s^{-1})$	k_{spc}/m^2	k/m^2
2	49	1	2.66×10^2	7.51×10^{-5}	1.91×10^{-10}	1.49×10^{-10}
		2	3.26×10^2	6.14×10^{-5}	1.56×10^{-10}	
		3	3.02×10^2	6.61×10^{-5}	1.68×10^{-10}	
		4	6.36×10^2	3.14×10^{-5}	8.00×10^{-11}	
3	0	1	2.84×10^2	7.05×10^{-5}	1.80×10^{-10}	1.67×10^{-10}
		2	2.78×10^2	7.20×10^{-5}	1.83×10^{-10}	
		3	5.72×10^2	3.50×10^{-5}	8.91×10^{-11}	
		4	2.36×10^2	8.48×10^{-5}	2.16×10^{-10}	
	7	1	3.71×10^2	5.38×10^{-5}	1.37×10^{-10}	1.61×10^{-10}
		2	3.13×10^2	6.40×10^{-5}	1.63×10^{-10}	
		3	3.11×10^2	6.42×10^{-5}	1.64×10^{-10}	
		4	2.82×10^2	7.08×10^{-5}	1.80×10^{-10}	
	21	1	3.55×10^2	5.64×10^{-5}	1.44×10^{-10}	1.59×10^{-10}
		2	2.69×10^2	7.44×10^{-5}	1.89×10^{-10}	
		3	2.84×10^2	7.04×10^{-5}	1.79×10^{-10}	
		4	4.12×10^2	4.86×10^{-5}	1.24×10^{-10}	
	35	1	3.00×10^2	6.67×10^{-5}	1.70×10^{-10}	1.56×10^{-10}
		2	2.76×10^2	7.23×10^{-5}	1.84×10^{-10}	
		3	4.10×10^2	4.87×10^{-5}	1.24×10^{-10}	
		4	3.49×10^2	5.73×10^{-5}	1.46×10^{-10}	
	49	1	2.90×10^2	6.90×10^{-5}	1.76×10^{-10}	1.54×10^{-10}
		2	2.78×10^2	7.18×10^{-5}	1.83×10^{-10}	
		3	2.98×10^2	6.72×10^{-5}	1.71×10^{-10}	
		4	5.90×10^2	3.39×10^{-5}	8.63×10^{-10}	
4	0	1	3.95×10^2	5.07×10^{-5}	1.29×10^{-10}	1.67×10^{-10}
		2	2.35×10^2	8.50×10^{-5}	2.17×10^{-10}	
		3	3.62×10^2	5.52×10^{-5}	1.41×10^{-10}	
		4	2.80×10^2	7.14×10^{-5}	1.82×10^{-10}	

表 3-7(续)

硫酸液 pH 值	腐蚀时间/d	样本序号	T_{str}/s	$Q/(m^3 \cdot s^{-1})$	k_{spc}/m^2	k/m^2
4	7	1	4.44×10^2	4.50×10^{-5}	1.15×10^{-10}	1.63×10^{-10}
		2	2.99×10^2	6.69×10^{-5}	1.70×10^{-10}	
		3	2.09×10^2	9.58×10^{-5}	2.44×10^{-10}	
		4	4.14×10^2	4.83×10^{-5}	1.23×10^{-10}	
	21	1	3.01×10^2	6.64×10^{-5}	1.69×10^{-10}	1.61×10^{-10}
		2	2.72×10^2	7.37×10^{-5}	1.88×10^{-10}	
		3	4.38×10^2	4.57×10^{-5}	1.16×10^{-10}	
		4	2.98×10^2	6.72×10^{-5}	1.71×10^{-10}	
	35	1	2.80×10^2	7.13×10^{-5}	1.82×10^{-10}	1.59×10^{-10}
		2	2.89×10^2	6.92×10^{-5}	1.76×10^{-10}	
		3	3.89×10^2	5.14×10^{-5}	1.31×10^{-10}	
		4	3.46×10^2	5.79×10^{-5}	1.47×10^{-10}	
	49	1	5.80×10^2	3.45×10^{-5}	8.79×10^{-11}	1.57×10^{-10}
		2	2.20×10^2	9.09×10^{-5}	2.32×10^{-10}	
		3	3.78×10^2	5.30×10^{-5}	1.35×10^{-10}	
		4	2.93×10^2	6.82×10^{-5}	1.74×10^{-10}	
5	0	1	3.24×10^2	6.18×10^{-5}	1.57×10^{-10}	1.67×10^{-10}
		2	2.70×10^2	7.40×10^{-5}	1.88×10^{-10}	
		3	4.84×10^2	4.13×10^{-5}	1.05×10^{-10}	
		4	2.34×10^2	8.53×10^{-5}	2.17×10^{-10}	
	7	1	3.20×10^2	6.24×10^{-5}	1.59×10^{-10}	1.64×10^{-10}
		2	2.47×10^2	8.09×10^{-5}	2.06×10^{-10}	
		3	4.66×10^2	4.29×10^{-5}	1.09×10^{-10}	
		4	2.80×10^2	7.13×10^{-5}	1.82×10^{-10}	
	21	1	4.74×10^2	4.22×10^{-5}	1.07×10^{-10}	1.62×10^{-10}
		2	3.75×10^2	5.34×10^{-5}	1.36×10^{-10}	
		3	1.82×10^2	1.10×10^{-5}	2.80×10^{-10}	
		4	4.07×10^2	4.92×10^{-5}	1.25×10^{-10}	

表 3-7(续)

硫酸液 pH 值	腐蚀时间/d	样本序号	T_{str}/s	$Q/(m^3 \cdot s^{-1})$	k_{spc}/m^2	k/m^2
5	35	1	3.42×10^2	5.85×10^{-5}	1.49×10^{-10}	1.60×10^{-10}
		2	2.76×10^2	7.25×10^{-5}	1.85×10^{-10}	
		3	3.75×10^2	5.34×10^{-5}	1.36×10^{-10}	
		4	2.99×10^2	6.70×10^{-5}	1.71×10^{-10}	
	49	1	2.09×10^2	9.57×10^{-5}	2.44×10^{-10}	1.58×10^{-10}
		2	3.51×10^2	5.70×10^{-5}	1.45×10^{-10}	
		3	3.45×10^2	5.79×10^{-5}	1.48×10^{-10}	
		4	5.33×10^2	3.75×10^{-5}	9.55×10^{-11}	

表 3-8 给出了硫酸液 pH 值为 2,水泥含量为 580 g,骨料级配 Talbot 指数分别为 0.2、0.4、0.6、0.8,腐蚀时刻分别为 0 d、7 d、21 d、35 d 和 49 d 条件下 4 个试样的渗透率 k_{spc} 以及平均渗透率 k。

表 3-8 不同骨料级配 Talbot 指数下试样的渗透率

n	腐蚀时间/d	样本序号	T_{str}/s	$Q/(m^3 \cdot s^{-1})$	k_{spc}/m^2	k/m^2
0.2	0	1	3.45×10^2	5.79×10^{-5}	1.47×10^{-10}	1.71×10^{-10}
		2	3.15×10^2	6.34×10^{-5}	1.62×10^{-10}	
		3	2.25×10^2	8.88×10^{-5}	2.26×10^{-10}	
		4	3.42×10^2	5.84×10^{-5}	1.49×10^{-10}	
	7	1	2.73×10^2	7.33×10^{-5}	1.87×10^{-10}	1.61×10^{-10}
		2	2.61×10^2	7.67×10^{-5}	1.95×10^{-10}	
		3	4.42×10^2	4.52×10^{-5}	1.15×10^{-10}	
		4	3.47×10^2	5.77×10^{-5}	1.47×10^{-10}	
	21	1	2.88×10^2	6.95×10^{-5}	1.77×10^{-10}	1.56×10^{-10}
		2	3.26×10^2	6.14×10^{-5}	1.56×10^{-10}	
		3	4.05×10^2	4.94×10^{-5}	1.26×10^{-10}	
		4	3.08×10^2	6.49×10^{-5}	1.65×10^{-10}	
	35	1	4.97×10^2	4.03×10^{-5}	1.03×10^{-10}	1.54×10^{-10}
		2	2.56×10^2	7.81×10^{-5}	1.99×10^{-10}	
		3	3.45×10^2	5.80×10^{-5}	1.48×10^{-10}	
		4	3.05×10^2	6.56×10^{-5}	1.67×10^{-10}	

表 3-8(续)

n	腐蚀时间/d	样本序号	T_{str}/s	$Q/(m^3 \cdot s^{-1})$	k_{spc}/m^2	k/m^2
0.2	49	1	3.39×10^2	5.90×10^{-5}	1.50×10^{-10}	1.52×10^{-10}
		2	3.90×10^2	5.13×10^{-5}	1.31×10^{-10}	
		3	2.33×10^2	8.60×10^{-5}	2.19×10^{-10}	
		4	4.71×10^2	4.25×10^{-5}	1.08×10^{-10}	
0.4	0	1	4.77×10^2	4.19×10^{-5}	1.07×10^{-10}	1.67×10^{-10}
		2	2.26×10^2	8.84×10^{-5}	2.25×10^{-10}	
		3	2.54×10^2	7.87×10^{-5}	2.00×10^{-10}	
		4	3.75×10^2	5.33×10^{-5}	1.36×10^{-10}	
	7	1	3.39×10^2	5.91×10^{-5}	1.50×10^{-10}	1.57×10^{-10}
		2	4.50×10^2	4.45×10^{-5}	1.13×10^{-10}	
		3	2.61×10^2	7.66×10^{-5}	1.95×10^{-10}	
		4	3.01×10^2	6.65×10^{-5}	1.69×10^{-10}	
	21	1	2.40×10^2	8.34×10^{-5}	2.12×10^{-10}	1.53×10^{-10}
		2	3.19×10^2	6.28×10^{-5}	1.60×10^{-10}	
		3	6.05×10^2	3.31×10^{-5}	8.42×10^{-11}	
		4	3.27×10^2	6.11×10^{-5}	1.56×10^{-10}	
	35	1	7.02×10^2	2.85×10^{-5}	7.25×10^{-11}	1.50×10^{-10}
		2	3.44×10^2	5.81×10^{-5}	1.48×10^{-10}	
		3	2.89×10^2	6.92×10^{-5}	1.76×10^{-10}	
		4	2.50×10^2	7.99×10^{-5}	2.03×10^{-10}	
	49	1	2.66×10^2	7.51×10^{-5}	1.91×10^{-10}	1.49×10^{-10}
		2	3.26×10^2	6.14×10^{-5}	1.56×10^{-10}	
		3	3.02×10^2	6.61×10^{-5}	1.68×10^{-10}	
		4	6.36×10^2	3.14×10^{-5}	8.00×10^{-11}	
0.6	0	1	3.23×10^2	6.19×10^{-5}	1.58×10^{-10}	1.69×10^{-10}
		2	2.51×10^2	7.98×10^{-5}	2.03×10^{-10}	
		3	4.08×10^2	4.90×10^{-5}	1.25×10^{-10}	
		4	2.68×10^2	7.47×10^{-5}	1.90×10^{-10}	
	7	1	3.22×10^2	6.20×10^{-5}	1.58×10^{-10}	1.59×10^{-10}
		2	3.51×10^2	5.71×10^{-5}	1.45×10^{-10}	
		3	2.73×10^2	7.34×10^{-5}	1.87×10^{-10}	
		4	3.49×10^2	5.73×10^{-5}	1.46×10^{-10}	

表 3-8(续)

n	腐蚀时间/d	样本序号	T_{str}/s	$Q/(m^3 \cdot s^{-1})$	k_{spc}/m^2	k/m^2
0.6	21	1	5.60×10^2	3.57×10^{-5}	9.10×10^{-11}	1.55×10^{-10}
		2	2.31×10^2	8.65×10^{-5}	2.20×10^{-10}	
		3	2.30×10^2	8.70×10^{-5}	2.21×10^{-10}	
		4	5.83×10^2	3.43×10^{-5}	8.74×10^{-11}	
	35	1	3.36×10^2	5.95×10^{-5}	1.51×10^{-10}	1.52×10^{-10}
		2	3.16×10^2	6.33×10^{-5}	1.61×10^{-10}	
		3	3.12×10^2	6.41×10^{-5}	1.63×10^{-10}	
		4	3.85×10^2	5.19×10^{-5}	1.32×10^{-10}	
	49	1	4.06×10^2	4.92×10^{-5}	1.25×10^{-10}	1.50×10^{-10}
		2	4.03×10^2	4.96×10^{-5}	1.26×10^{-10}	
		3	2.05×10^2	9.77×10^{-5}	2.49×10^{-10}	
		4	5.11×10^2	3.92×10^{-5}	9.97×10^{-11}	
0.8	0	1	2.81×10^2	7.11×10^{-5}	1.81×10^{-10}	1.72×10^{-10}
		2	3.32×10^2	6.03×10^{-5}	1.54×10^{-10}	
		3	2.44×10^2	8.21×10^{-5}	2.09×10^{-10}	
		4	3.53×10^2	5.66×10^{-5}	1.44×10^{-10}	
	7	1	3.32×10^2	6.02×10^{-5}	1.53×10^{-10}	1.63×10^{-10}
		2	2.91×10^2	6.88×10^{-5}	1.75×10^{-10}	
		3	3.97×10^2	5.04×10^{-5}	1.28×10^{-10}	
		4	2.61×10^2	7.66×10^{-5}	1.95×10^{-10}	
	21	1	2.22×10^2	9.02×10^{-5}	2.30×10^{-10}	1.57×10^{-10}
		2	4.90×10^2	4.08×10^{-5}	1.04×10^{-10}	
		3	4.59×10^2	4.36×10^{-5}	1.11×10^{-10}	
		4	2.78×10^2	7.20×10^{-5}	1.83×10^{-10}	
0.8	35	1	3.15×10^2	6.35×10^{-5}	1.62×10^{-10}	1.54×10^{-10}
		2	3.18×10^2	6.29×10^{-5}	1.60×10^{-10}	
		3	2.98×10^2	6.72×10^{-5}	1.71×10^{-10}	
		4	4.15×10^2	4.82×10^{-5}	1.23×10^{-10}	
	49	1	2.11×10^2	9.47×10^{-5}	2.41×10^{-10}	1.53×10^{-10}
		2	5.50×10^2	3.64×10^{-5}	9.27×10^{-11}	
		3	3.89×10^2	5.14×10^{-5}	1.31×10^{-10}	
		4	3.46×10^2	5.78×10^{-5}	1.47×10^{-10}	

表 3-9 给出了硫酸液 pH 值为 2,骨料级配 Talbot 指数为 0.4,水泥含量分别为 540 g、560 g、580 g 和 600 g,腐蚀时刻分别为 0 d、7 d、21 d、35 d 和 49 d 条件下 4 个试样的渗透率 k_{spc} 以及平均渗透率 k。

表 3-9　不同水泥含量下试样的渗透率

M_c/g	腐蚀时间/d	样本序号	T_{str}/s	$Q/(\text{m}^3 \cdot \text{s}^{-1})$	k_{spc}/m^2	k/m^2
		1	2.61×10^2	7.66×10^{-5}	1.95×10^{-10}	
	0	2	4.47×10^2	4.47×10^{-5}	1.14×10^{-10}	1.70×10^{-10}
		3	2.88×10^2	6.95×10^{-5}	1.77×10^{-10}	
		4	2.62×10^2	7.62×10^{-5}	1.94×10^{-10}	
		1	2.87×10^2	6.97×10^{-5}	1.77×10^{-10}	
	7	2	2.84×10^2	7.04×10^{-5}	1.79×10^{-10}	1.60×10^{-10}
		3	3.39×10^2	5.90×10^{-5}	1.50×10^{-10}	
		4	3.83×10^2	5.22×10^{-5}	1.33×10^{-10}	
		1	2.50×10^2	8.01×10^{-5}	2.04×10^{-10}	
540	21	2	3.83×10^2	5.22×10^{-5}	1.33×10^{-10}	1.56×10^{-10}
		3	3.92×10^2	5.11×10^{-5}	1.30×10^{-10}	
		4	3.25×10^2	6.16×10^{-5}	1.57×10^{-10}	
		1	3.88×10^2	5.16×10^{-5}	1.31×10^{-10}	
	35	2	5.74×10^2	3.48×10^{-5}	8.87×10^{-11}	1.53×10^{-10}
		3	2.36×10^2	8.47×10^{-5}	2.16×10^{-10}	
		4	2.89×10^2	6.92×10^{-5}	1.76×10^{-10}	
		1	2.44×10^2	8.20×10^{-5}	2.09×10^{-10}	
	49	2	4.83×10^2	4.14×10^{-5}	1.06×10^{-10}	1.51×10^{-10}
		3	2.64×10^2	7.58×10^{-5}	1.93×10^{-10}	
		4	5.27×10^2	3.80×10^{-5}	9.67×10^{-11}	
		1	2.35×10^2	8.50×10^{-5}	2.17×10^{-10}	
	0	2	2.16×10^2	9.26×10^{-5}	2.36×10^{-10}	1.68×10^{-10}
		3	4.96×10^2	4.03×10^{-5}	1.03×10^{-10}	
560		4	4.36×10^2	4.59×10^{-5}	1.17×10^{-10}	
		1	2.02×10^2	9.88×10^{-5}	2.52×10^{-10}	
	7	2	4.35×10^2	4.60×10^{-5}	1.17×10^{-10}	1.59×10^{-10}
		3	3.00×10^2	6.67×10^{-5}	1.70×10^{-10}	
		4	5.23×10^2	3.82×10^{-5}	9.74×10^{-11}	

表 3-9(续)

M_c/g	腐蚀时间/d	样本序号	T_{str}/s	$Q/(m^3 \cdot s^{-1})$	k_{spc}/m^2	k/m^2
560	21	1	3.15×10^2	6.34×10^{-5}	1.62×10^{-10}	1.54×10^{-10}
		2	3.00×10^2	6.68×10^{-5}	1.70×10^{-10}	
		3	3.18×10^2	6.28×10^{-5}	1.60×10^{-10}	
		4	4.09×10^2	4.89×10^{-5}	1.24×10^{-10}	
	35	1	3.18×10^2	6.28×10^{-5}	1.60×10^{-10}	1.52×10^{-10}
		2	7.07×10^2	2.83×10^{-5}	7.20×10^{-11}	
		3	2.70×10^2	7.41×10^{-5}	1.89×10^{-10}	
		4	2.72×10^2	7.35×10^{-5}	1.87×10^{-10}	
	49	1	3.89×10^2	5.14×10^{-5}	1.31×10^{-10}	1.50×10^{-10}
		2	3.10×10^2	6.45×10^{-5}	1.64×10^{-10}	
		3	2.81×10^2	7.12×10^{-5}	1.81×10^{-10}	
		4	4.12×10^2	4.85×10^{-5}	1.24×10^{-10}	
580	0	1	4.77×10^2	4.19×10^{-5}	1.07×10^{-10}	1.67×10^{-10}
		2	2.26×10^2	8.84×10^{-5}	2.25×10^{-10}	
		3	2.54×10^2	7.87×10^{-5}	2.00×10^{-10}	
		4	3.75×10^2	5.33×10^{-5}	1.36×10^{-10}	
	7	1	3.39×10^2	5.91×10^{-5}	1.50×10^{-10}	1.57×10^{-10}
		2	4.50×10^2	4.45×10^{-5}	1.13×10^{-10}	
		3	2.61×10^2	7.66×10^{-5}	1.95×10^{-10}	
		4	3.01×10^2	6.65×10^{-5}	1.69×10^{-10}	
	21	1	2.40×10^2	8.34×10^{-5}	2.12×10^{-10}	1.53×10^{-10}
		2	3.19×10^2	6.28×10^{-5}	1.60×10^{-10}	
		3	6.05×10^2	3.31×10^{-5}	8.42×10^{-11}	
		4	3.27×10^2	6.11×10^{-5}	1.56×10^{-10}	
	35	1	7.02×10^2	2.85×10^{-5}	7.25×10^{-11}	1.50×10^{-10}
		2	3.44×10^2	5.81×10^{-5}	1.48×10^{-10}	
		3	2.89×10^2	6.92×10^{-5}	1.76×10^{-10}	
		4	2.50×10^2	7.99×10^{-5}	2.03×10^{-10}	
	49	1	2.66×10^2	7.51×10^{-5}	1.91×10^{-10}	1.49×10^{-10}
		2	3.26×10^2	6.14×10^{-5}	1.56×10^{-10}	
		3	3.02×10^2	6.61×10^{-5}	1.68×10^{-10}	
		4	6.36×10^2	3.14×10^{-5}	8.00×10^{-11}	

表 3-9(续)

M_c/g	腐蚀时间/d	样本序号	T_{str}/s	$Q/(m^3 \cdot s^{-1})$	k_{spc}/m^2	k/m^2
600	0	1	3.95×10^2	5.06×10^{-5}	1.29×10^{-10}	1.65×10^{-10}
		2	3.15×10^2	6.36×10^{-5}	1.62×10^{-10}	
		3	2.15×10^2	9.30×10^{-5}	2.37×10^{-10}	
		4	3.85×10^2	5.20×10^{-5}	1.32×10^{-10}	
	7	1	3.05×10^2	6.55×10^{-5}	1.67×10^{-10}	1.55×10^{-10}
		2	3.46×10^2	5.78×10^{-5}	1.47×10^{-10}	
		3	3.11×10^2	6.43×10^{-5}	1.64×10^{-10}	
		4	3.58×10^2	5.58×10^{-5}	1.42×10^{-10}	
	21	1	3.11×10^2	6.43×10^{-5}	1.64×10^{-10}	1.51×10^{-10}
		2	3.75×10^2	5.33×10^{-5}	1.36×10^{-10}	
		3	4.00×10^2	5.00×10^{-5}	1.27×10^{-10}	
		4	2.88×10^2	6.95×10^{-5}	1.77×10^{-10}	
	35	1	4.39×10^2	4.56×10^{-5}	1.16×10^{-10}	1.49×10^{-10}
		2	3.19×10^2	6.28×10^{-5}	1.60×10^{-10}	
		3	2.20×10^2	9.08×10^{-5}	2.31×10^{-10}	
		4	5.73×10^2	3.49×10^{-5}	8.89×10^{-11}	
	49	1	2.86×10^2	6.99×10^{-5}	1.78×10^{-10}	1.47×10^{-10}
		2	5.40×10^2	3.71×10^{-5}	9.44×10^{-11}	
		3	3.30×10^2	6.05×10^{-5}	1.54×10^{-10}	
		4	3.16×10^2	6.34×10^{-5}	1.61×10^{-10}	

由表 3-7～表 3-9 可以看出:① 在相同的硫酸液 pH 值、骨料级配 Talbot 指数、水泥含量和腐蚀时间下,4 个试样的渗透率相差不超过 2 倍;② 在相同的硫酸液 pH 值、骨料级配 Talbot 指数、水泥含量下,渗透率随腐蚀时间的增加而减小。下面分别讨论硫酸液 pH 值、骨料级配 Talbot 指数和水泥含量对渗透率的影响。

3.4.1 硫酸液浓度对渗透率的影响

表 3-10 给出了骨料级配 Talbot 指数为 0.4,水泥含量为 580 g,硫酸液 pH 值分别为 2、3、4 和 5,腐蚀时刻分别为 0 d、7 d、21 d、35 d 和 49 d 条件下 4 个试样渗透率 k_{spc} 的平均值 k。

表 3-10　不同硫酸液浓度下试样渗透率的平均值　　　单位：m²

硫酸液 pH 值	腐蚀时间/d				
	0	7	21	35	49
2	1.67×10^{-10}	1.57×10^{-10}	1.53×10^{-10}	1.50×10^{-10}	1.49×10^{-10}
3	1.67×10^{-10}	1.61×10^{-10}	1.59×10^{-10}	1.56×10^{-10}	1.54×10^{-10}
4	1.67×10^{-10}	1.63×10^{-10}	1.61×10^{-10}	1.59×10^{-10}	1.57×10^{-10}
5	1.67×10^{-10}	1.64×10^{-10}	1.62×10^{-10}	1.60×10^{-10}	1.58×10^{-10}

根据表 3-10 绘制出渗透率随腐蚀时间变化的曲线，如图 3-16 所示。

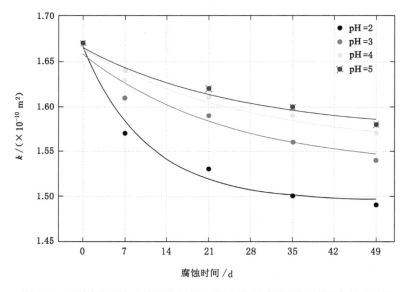

图 3-16　不同硫酸液浓度下大孔隙混凝土渗透率随腐蚀时间变化的曲线

由图 3-16 可以看出：① 在相同的硫酸液 pH 值下，渗透率随腐蚀时间的增加而单调减小；② 渗透率随硫酸液 pH 值的增大而增大，即随硫酸质量浓度的增大而减小。

3.4.2　骨料级配 Talbot 指数对渗透率的影响

表 3-11 给出了硫酸液 pH 值为 2，水泥含量为 580 g，骨料级配 Talbot 指数分别为 0.2、0.4、0.6、0.8，腐蚀时间分别为 0 d、7 d、21 d、35 d 和 49 d 条件下 4 个试样渗透率 k_{spc} 的平均值 k。

表 3-11　不同骨料级配 Talbot 指数下试样渗透率的平均值　　单位:m²

n	腐蚀时间/d				
	0	7	21	35	49
0.2	1.71×10^{-10}	1.61×10^{-10}	1.56×10^{-10}	1.54×10^{-10}	1.52×10^{-10}
0.4	1.67×10^{-10}	1.57×10^{-10}	1.53×10^{-10}	1.50×10^{-10}	1.49×10^{-10}
0.6	1.69×10^{-10}	1.59×10^{-10}	1.55×10^{-10}	1.52×10^{-10}	1.50×10^{-10}
0.8	1.72×10^{-10}	1.63×10^{-10}	1.57×10^{-10}	1.54×10^{-10}	1.53×10^{-10}

根据表 3-11 绘制出渗透率随腐蚀时间变化的曲线,如图 3-17 所示。

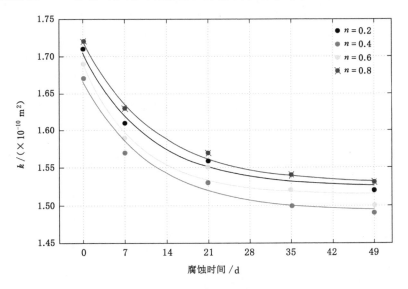

图 3-17　不同骨料级配 Talbot 指数下大孔隙混凝土渗透率随腐蚀时间变化的曲线

由图 3-17 可以看出:① 在相同的骨料级配 Talbot 指数下,渗透率随腐蚀时间的增加而单调减小;② 在腐蚀时间相同时,试样的渗透率并不随骨料级配 Talbot 指数呈单调变化,渗透率从大到小对应的骨料级配 Talbot 指数分别为 0.8、0.2、0.6 和 0.4。这是因为在粗集料质量一定的情况下,骨料级配 Talbot 指数为 0.8 的试样粗集料的大颗粒粒径的占比大,更容易形成较大的连通孔隙,从而渗透率较大;而骨料级配 Talbot 指数为 0.4 的试样中粗集料和细集料的占比比较均匀,更容易形成密实的试样,从而使得试样的渗透率相比其他的更小。

3.4.3 水泥含量对渗透率的影响

表 3-12 给出了硫酸液 pH 值为 2，骨料级配 Talbot 指数为 0.4，水泥含量分别为 540 g、560 g、580 g 和 600 g，腐蚀时刻分别为 0 d、7 d、21 d、35 d 和 49 d 条件下 4 个试样渗透率 k_{spc} 的平均值 k。

表 3-12　不同水泥含量下试样的渗透率平均值　　　　单位：m^2

M_c/g	腐蚀时间/d				
	0	7	21	35	49
540	1.70×10^{-10}	1.60×10^{-10}	1.56×10^{-10}	1.53×10^{-10}	1.51×10^{-10}
560	1.68×10^{-10}	1.59×10^{-10}	1.54×10^{-10}	1.52×10^{-10}	1.50×10^{-10}
580	1.67×10^{-10}	1.57×10^{-10}	1.53×10^{-10}	1.50×10^{-10}	1.49×10^{-10}
600	1.65×10^{-10}	1.55×10^{-10}	1.51×10^{-10}	1.49×10^{-10}	1.47×10^{-10}

根据表 3-12 绘制出渗透率随腐蚀时间变化的曲线，如图 3-18 所示。

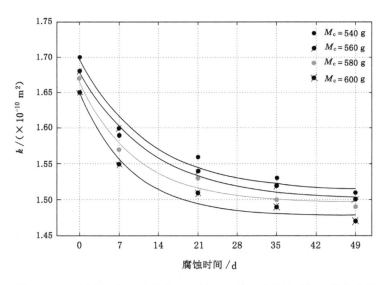

图 3-18　不同水泥含量下大孔隙混凝土渗透率随腐蚀时间变化的曲线

由图 3-18 可以看出：① 不同水泥含量下，渗透率随腐蚀时间的增加而单调减小；② 在腐蚀时间相同时，随水泥含量的增大，试样的渗透率减小。这是因为在骨料级配 Talbot 指数和硫酸液浓度一定的情况下，随水泥含量的增大,单位体积内水泥的浓度增大,生成了更多的微晶,使得孔隙率减小,即渗透率变小。

3.5 本章小结

本章介绍了渗透试验的原理,研制了 XZIT002 型"油驱水渗"式渗透试验系统,介绍了试验的操作流程,分析了硫酸液浓度、骨料级配 Talbot 指数和水泥含量对大孔隙混凝土渗透率时变规律的影响。通过研究,得出如下结论:

(1)对于任意的硫酸液 pH 值、骨料级配 Talbot 指数和水泥含量,大孔隙混凝土的渗透率都随腐蚀时间的增加而单调减小。

(2)在骨料级配 Talbot 指数为 0.4、水泥含量为 580 g 时,相同腐蚀时间下大孔隙混凝土的渗透率随硫酸液 pH 值的增大而增大,即随硫酸质量浓度的增大而减小。

(3)在硫酸液 pH 值为 2、水泥含量为 580 g 时,相同腐蚀时间下大孔隙混凝土的渗透率从大到小对应的骨料级配 Talbot 指数分别为 0.8、0.2、0.6 和 0.4。

(4)在硫酸液 pH 值为 2、骨料级配 Talbot 指数为 0.4 时,相同腐蚀时间下大孔隙混凝土的渗透率随水泥含量的增大而减小。

4 硫酸作用下大孔隙混凝土渗透率演化模型

大孔隙混凝土试样(结构)的孔隙连通性好,硫酸液容易进入试样内部并与水化产物发生化学反应。随着反应的进行,试样组分含量连续变化,孔隙率和渗透率也发生相应的变化。渗透试验可以得到试样孔隙率和渗透率的平均值,但不能描述孔隙率和渗透率的分布情况。本章考虑水化反应和腐蚀反应中的合缩效应,建立孔隙率和渗透率的演化方程。考虑腐蚀槽和试样之间硫酸质量的交换,建立硫酸作用下大孔隙混凝土的反应动力学模型,并设计这种模型的响应计算方法。通过算例分析了反应级数、反应速率、质量浓度、硫酸扩散系数、扩散速度、孔隙率、渗透率等物理量沿试样径向的分布及其变化规律。

4.1 水化反应与腐蚀反应

硅酸盐水泥(波特兰水泥)熟料的主要成分有 4 种,分别为硅酸三钙、硅酸二钙、铁铝酸四钙和铝酸三钙。4 种熟料的化学式、质量分数及微观结构特征如表 4-1 所列,4 种熟料与水反应的速度、水化热、早期和后期对水泥强度的影响、耐化学侵蚀性能以及干缩性如表 4-2 所列。

表 4-1 硅酸盐水泥 4 种熟料的化学式、质量分数及微观结构特征

序号	熟料名称	化学式	简写	质量分数	微观结构特征
1	硅酸三钙	$3CaO \cdot SiO_2$	C_3S	50%	结晶轮廓清晰,呈灰色多角形(多为六角形和棱柱形)颗粒,晶粒较大
2	硅酸二钙	$2CaO \cdot SiO_2$	C_2S	10%~40%	常呈圆粒状,也可见其他不规则形状。反光镜下常有黑白交叉双晶条纹

表 4-1(续)

序号	熟料名称	化学式	简写	质量分数	微观结构特征
3	铝酸三钙	$3CaO \cdot Al_2O_3$	C_3A	15%以下	一般呈不规则的微晶体,如点滴状、矩形或柱状,由于反光能力弱,反光镜下呈暗灰色,常称黑色中间相
4	铁铝酸四钙	$4CaO \cdot Al_2O_3 \cdot Fe_2O_3$	C_4AF	5%~15%	呈棱柱状和圆粒状,反射能力强,反光镜下呈亮白色,称白色中间相

表 4-2 硅酸盐水泥主要矿物组成与特性

矿物组成		$3CaO \cdot SiO_2$	$2CaO \cdot SiO_2$	$3CaO \cdot Al_2O_3$	$4CaO \cdot Al_2O_3 \cdot Fe_2O_3$
与水反应的速度		中	慢	快	中
水化热		中	低	高	中
对水泥强度的影响	早期	良	差	良	良
	后期	良	优	中	中
耐化学侵蚀性能		中	良	差	优
干缩性		中	小	大	小

水泥加适量的水拌合后,会发生复杂的化学反应,随着反应的进行,塑性浆体逐渐失去流动能力,形成具有一定强度的石状体。为了定性地了解水泥水化前后熟料的变化,我们利用 X 射线衍射仪获得水泥熟料与养护 28 d 后水泥粉末的 X 射线衍射图谱,如图 4-1 所示。由图 4-1 可以看出,水泥熟料中 C_3S 和 C_2S 的 X 射线衍射图谱中有 4 个峰值,分别为 29.5°、32.4°、32.8°和 34.6°,养护 28 d 后水泥粉末的 X 射线衍射图谱中只有在衍射角为 29.5°附近一个峰值,这表明在养护 28 d 后,C_3S 和 C_2S 并未完全发生水化反应。水泥熟料中 C_3A 的 X 射线衍射图谱中有一个峰值,出现在 33.4°,通过观察图中养护 28 d 后水泥粉末的曲线发现此处未出现峰值,表明熟料中的 C_3A 完全反应。水泥熟料中 C_4AF 的 X 射线衍射图谱中有一个峰值,出现在 34.1°,通过观察图中养护 28 d 后水泥粉末的曲线发现此处未出现峰值,表明熟料中的 C_4AF 完全反应。

大孔隙混凝土的寿命包括养护和腐蚀两个阶段。在养护阶段,混凝土中发

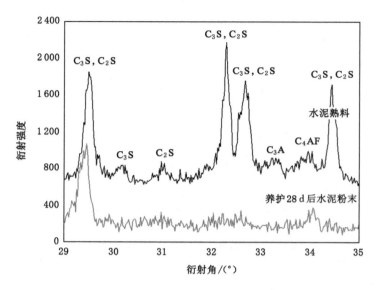

图 4-1　水泥熟料 X 射线衍射图谱

生水化反应,计量方程为:

$$2(3CaO \cdot SiO_2) + 6H_2O == 3CaO \cdot 2SiO_2 \cdot 3H_2O + 3Ca(OH)_2 \quad (4\text{-}1)$$

$$2(2CaO \cdot SiO_2) + 4H_2O == 3CaO \cdot 2SiO_2 \cdot 3H_2O + Ca(OH)_2 \quad (4\text{-}2)$$

$$4CaO \cdot Al_2O_3 \cdot Fe_2O_3 + 10H_2O + 2Ca(OH)_2 == 6CaO \cdot Al_2O_3 \cdot Fe_2O_3 \cdot 12H_2O \quad (4\text{-}3)$$

$$3CaO \cdot Al_2O_3 + 12H_2O + Ca(OH)_2 == 4CaO \cdot Al_2O_3 \cdot 13H_2O \quad (4\text{-}4)$$

$$3CaO \cdot Al_2O_3 + 26H_2O + 3(CaSO_4 \cdot 2H_2O) == 3CaO \cdot Al_2O_3 \cdot 3CaSO_4 \cdot 32H_2O \quad (4\text{-}5)$$

由式(4-1)～式(4-5)可以看出,在养护阶段,反应个数为 5 个,物质共 11 种。

在腐蚀阶段,水化反应尚未结束,故该阶段同时发生腐蚀反应与水化反应。腐蚀反应的计量方程为:

$$Ca(OH)_2 + H_2SO_4 == CaSO_4 \cdot 2H_2O \quad (4\text{-}6)$$

$$3CaO \cdot Al_2O_3 \cdot 3CaSO_4 \cdot 32H_2O + 6H_2SO_4 == Al_2(SO_4)_3 +$$
$$6(CaSO_4 \cdot 2H_2O) + 26H_2O \quad (4\text{-}7)$$

$$3CaO \cdot 2SiO_2 \cdot 3H_2O + 3H_2SO_4 + 2H_2O == 3(CaSO_4 \cdot 2H_2O) + 2H_2SiO_3$$
$$(4\text{-}8)$$

$$4CaO \cdot Al_2O_3 \cdot 13H_2O + 7H_2SO_4 = Al_2(SO_4)_3 + 4(CaSO_4 \cdot 2H_2O) + 12H_2O$$
$$(4\text{-}9)$$

$$6CaO \cdot Al_2O_3 \cdot Fe_2O_3 \cdot 12H_2O + 12H_2SO_4 = Al_2(SO_4)_3 + Fe_2(SO_4)_3 +$$
$$6(CaSO_4 \cdot 2H_2O) + 12H_2O \qquad (4\text{-}10)$$

由式(4-1)~式(4-10)可以看出,在腐蚀阶段,反应个数为 10 个,物质共 15 种。为了便于观察与分析,我们对反应物与生成物的分子式和浓度按顺序做规则化标记,如表 4-3 所列。

表 4-3　反应物与生成物分子式与浓度规则化标记

序号	物质	分子式	分子量	规则化代号	浓度
1	硅酸三钙	$3CaO \cdot SiO_2$	228	X_1	ρ_1
2	水	H_2O	18	X_2	ρ_2
3	水化硅酸钙	$3CaO \cdot 2SiO_2 \cdot 3H_2O$	342	X_3	ρ_3
4	氢氧化钙	$Ca(OH)_2$	74	X_4	ρ_4
5	硅酸二钙	$2CaO \cdot SiO_2$	172	X_5	ρ_5
6	铁铝酸四钙	$4CaO \cdot Al_2O_3 \cdot Fe_2O_3$	486	X_6	ρ_6
7	水化铁铝酸钙	$6CaO \cdot Al_2O_3 \cdot Fe_2O_3 \cdot 12H_2O$	814	X_7	ρ_7
8	铝酸三钙	$3CaO \cdot Al_2O_3$	270	X_8	ρ_8
9	水化铝酸四钙	$4CaO \cdot Al_2O_3 \cdot 13H_2O$	560	X_9	ρ_9
10	二水石膏	$CaSO_4 \cdot 2H_2O$	172	X_{10}	ρ_{10}
11	三硫铝酸钙	$3CaO \cdot Al_2O_3 \cdot 3CaSO_4 \cdot 32H_2O$	622	X_{11}	ρ_{11}
12	硫酸	H_2SO_4	98	X_{12}	ρ_{12}
13	硅酸	H_2SiO_3	78	X_{13}	ρ_{13}
14	硫酸铝	$Al_2(SO_4)_3$	342	X_{14}	ρ_{14}
15	硫酸铁	$Fe_2(SO_4)_3$	400	X_{15}	ρ_{15}

采用规则化代码后,水化反应和腐蚀反应的计量方程可以合写为:

$$\begin{cases} 2X_1 + 6X_2 = X_3 + 3X_4 \\ 2X_5 + 4X_2 = X_3 + X_4 \\ X_6 + 10X_2 + 2X_4 = X_7 \\ X_8 + 12X_2 + X_4 = X_9 \\ X_8 + 26X_2 + 3X_{10} = X_{11} \\ X_4 + X_{12} = X_{10} \\ X_{11} + 6X_{12} = X_{14} + 6X_{10} + 26X_2 \\ X_3 + 3X_{12} + 2X_2 = 3X_{10} + 2X_{13} \\ X_9 + 7X_{12} = X_{14} + 4X_{10} + 12X_2 \\ X_7 + 12X_{12} = X_{14} + X_{15} + 6X_{10} + 12X_2 \end{cases} \quad (4\text{-}11)$$

在式(4-11)中,X_1、X_5、X_6、X_8 和 X_{12} 为反应物,X_{13}、X_{14} 和 X_{15} 为生成物,X_2、X_3、X_4、X_7、X_9、X_{10} 和 X_{11} 既是反应物又是生成物。其中,X_2 和 X_{12} 为液体,其余 13 种物质为固体。

4.2 反应级数与反应速率

记第 i 个反应中第 j 种物质的计量系数为 $m_{ij}(i=1,2,\cdots,10;j=1,2,\cdots,15)$,则式(4-11)可改写为:

$$\sum_{j=1}^{15} m_{ij}X_j = 0 \quad (i=1,2,\cdots,10) \quad (4\text{-}12)$$

在反应动力学中,规定生成物的计量系数为正,反应物的计量系数为负。

本书考虑的反应均为不可逆的,因此反应速率只与反应物的浓度有关,而与生成物的浓度无关。根据反应动力学原理[101]容易写出 10 个反应的速率,即

$$\begin{cases} \xi_1 = \varsigma_1 \rho_1^{\lambda_{01}^{01}} \rho_2^{\lambda_{02}^{01}} \\ \xi_2 = \varsigma_2 \rho_5^{\lambda_{05}^{02}} \rho_2^{\lambda_{02}^{02}} \\ \xi_3 = \varsigma_3 \rho_6^{\lambda_{06}^{03}} \rho_2^{\lambda_{02}^{03}} \rho_4^{\lambda_{04}^{03}} \\ \xi_4 = \varsigma_4 \rho_8^{\lambda_{08}^{04}} \rho_2^{\lambda_{02}^{04}} \rho_4^{\lambda_{04}^{04}} \\ \xi_5 = \varsigma_5 \rho_8^{\lambda_{08}^{05}} \rho_2^{\lambda_{02}^{05}} \rho_{10}^{\lambda_{10}^{05}} \\ \xi_6 = \varsigma_6 \rho_4^{\lambda_{04}^{06}} \rho_{12}^{\lambda_{12}^{06}} \\ \xi_7 = \varsigma_7 \rho_{11}^{\lambda_{11}^{07}} \rho_{12}^{\lambda_{12}^{07}} \\ \xi_8 = \varsigma_8 \rho_3^{\lambda_{03}^{08}} \rho_{12}^{\lambda_{12}^{08}} \rho_2^{\lambda_{02}^{08}} \\ \xi_9 = \varsigma_9 \rho_9^{\lambda_{09}^{09}} \rho_{12}^{\lambda_{12}^{09}} \\ \xi_{10} = \varsigma_{10} \rho_7^{\lambda_{07}^{10}} \rho_{12}^{\lambda_{12}^{10}} \end{cases} \quad (4\text{-}13)$$

其中，$\xi_i(i=1,2,\cdots,10)$ 为反应速率，$\varsigma_i(i=1,2,\cdots,10)$ 为反应速率常数，$\lambda_j^i(i=01,02,\cdots,10;j=01,02,\cdots,15)$ 为反应级数。本书仅考虑一级反应，每一反应中反应级数之和等于 1。

为了求出反应级数，我们引入反应物恰当质量分数和反应物贫富系数[171]。

第 i 个反应中第 j 种反应物恰当质量分数的表达式为：

$$Y_{ij}^{\text{stoi}}=\frac{\dfrac{|m_{ij}|-m_{ij}}{2}\mu_j}{\sum\limits_{k=1}^{15}\dfrac{|m_{ik}|-m_{ik}}{2}\mu_k}\quad(i=1,2,\cdots,10;j=1,2,\cdots,15)\quad(4\text{-}14)$$

第 i 个反应中第 j 种反应物贫富系数的表达式为：

$$\zeta_{ij}\triangleq\frac{\rho_j}{Y_{ij}^{\text{stoi}}}\quad(i=1,2,\cdots,10;j=1,2,\cdots,15)\quad(4\text{-}15)$$

记

$$\zeta_i^*=\min_{1\leqslant j\leqslant15}\{\zeta_{ij},i=1,2,\cdots,10\}\quad(4\text{-}16)$$

则反应级数为

$$\lambda_j^i=\begin{cases}1,&\zeta_{ij}=\zeta_i^*\\0,&\zeta_{ij}>\zeta_i^*\end{cases}\quad(i=01,02,\cdots,10;j=1,2,\cdots,15)\quad(4\text{-}17)$$

对于基元反应，反应级数为恒定的。对于链式反应，有些物质既是反应物又是生成物，因此会造成个别反应中反应物贫富系数发生变化：某种原先贫穷的物质由于在某些反应中为生成物，反应级数可能由 1 变为 0，而某种原先富裕的物质由于在一些反应中连续消耗质量，反应级数可能由 0 变为 1。下面，以式(4-11)描述的链式反应为例，来说明反应级数可能跳跃的理由。

在式(4-11)中，第 5 个反应的反应物分别为 X_2、X_8 和 X_{10}，腐蚀前 X_{10} 的贫富系数最小，故 $\lambda_{10}^{05}=1$。由于在第 6~10 个反应中，二水石膏为生成物，其质量浓度连续增大。当反应持续到一定时间后，X_2、X_8 和 X_{10} 贫富系数发生变化，反应级数 λ_{10}^{05} 由 1 跳跃到 0，至于 λ_{02}^{05} 和 λ_{08}^{05} 中哪个由 0 跳跃到 1，需要根据质量浓度的具体数值来确定。

在第 5 个反应中，物质 X_8 在腐蚀前很富裕，故 $\lambda_{08}^{05}=0$。由于此反应和第 4 个反应都连续地消耗 X_8 的质量，其浓度 ρ_8 连续减小。当反应持续到一定时间后，反应级数由 0 变为 1。

4.3　硫酸液在孔隙中的扩散

当混凝土试样中硫酸液浓度分布非均匀时，硫酸便在混凝土中扩散，即由浓度高的区域向浓度低的区域进行质量迁移。硫酸的扩散通道为连通的孔隙，因此，扩散系数与混凝土的有效孔隙率密切相关。对于大孔隙混凝土，大部分孔隙是连通的，故可认为有效孔隙率近似等于孔隙率。因此，可以认为扩散系数 D_{12} 是孔隙率 ϕ 的函数。大量文献利用幂指数函数描述扩散系数与混凝土孔隙率的关系[171]，即

$$D_{12} = D_{12r} \left(\frac{\phi}{\phi_r} \right)^{p_{12}} \tag{4-18}$$

式中，D_{12r} 为对应于孔隙率参考值 ϕ_r 的扩散系数，p_{12} 为扩散幂指数。D_{12r} 和 p_{12} 受水泥含量、骨料级配 Talbot 指数 n 等因素影响。

以试样轴线为 x 轴，建立柱坐标系 $xOr\theta$，如图 4-2 所示。

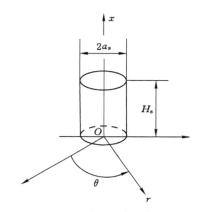

图 4-2 固定连接在混凝土试样的柱坐标系

记柱坐标系的基矢量为 e_x、e_r 和 e_θ，则硫酸的扩散速度为：

$$\boldsymbol{J}_{12} = -D_{12} \left(\frac{\partial \rho_{12}}{\partial x} e_x + \frac{\partial \rho_{12}}{\partial r} e_r + \frac{1}{r} \frac{\partial \rho_{12}}{\partial \theta} e_\theta \right) \tag{4-19}$$

扩散速度是一矢量，其轴向分量、径向分量和环向分量分别为：

$$\boldsymbol{J}_x = -D_{12} \frac{\partial \rho_{12}}{\partial x}, \boldsymbol{J}_r = -D_{12} \frac{\partial \rho_{12}}{\partial r}, \boldsymbol{J}_\theta = -D_{12} \left(\frac{1}{r} \frac{\partial \rho_{12}}{\partial \theta} e_\theta \right) \tag{4-20}$$

根据 Fick（菲克）第二定律，由于扩散引起的硫酸液浓度的变化率为：

$$\frac{\partial \rho_{12}}{\partial t} = -\left[\frac{\partial \boldsymbol{J}_x}{\partial x} + \frac{1}{r} \frac{\partial (r\boldsymbol{J}_r)}{\partial r} + \frac{1}{r} \frac{\partial \boldsymbol{J}_\theta}{\partial \theta} \right] \tag{4-21}$$

将式（4-20）代入式（4-21），得到：

$$\frac{\partial \rho_{12}}{\partial t} = \left\{ \frac{\partial}{\partial x} \left(D_{12} \frac{\partial \rho_{12}}{\partial x} \right) + \frac{1}{r} \frac{\partial}{\partial r} \left(r D_{12} \frac{\partial \rho_{12}}{\partial r} \right) + \frac{1}{r} \frac{\partial}{\partial \theta} \left[D_{12} \left(\frac{1}{r} \frac{\partial \rho_{12}}{\partial \theta} e_\theta \right) \right] \right\}$$

$$\tag{4-22}$$

本书试验中，扩散只在径向进行，即 $\boldsymbol{J}_{12} = J_{12}\boldsymbol{e}_r$，所以式(4-19)和式(4-22)可以简化为：

$$\boldsymbol{J}_{12} = -D_{12}\frac{\partial \rho_{12}}{\partial r}\boldsymbol{e}_r \tag{4-23}$$

和

$$\frac{\partial \rho_{12}}{\partial t} = -\frac{1}{r}\frac{\partial(r\boldsymbol{J}_{12})}{\partial r} \tag{4-24}$$

4.4　质量守恒方程

在养护阶段，混凝土试样中只有水化反应，没有腐蚀反应和硫酸的扩散，质量守恒方程为：

$$\begin{cases}
\dfrac{\partial \rho_1}{\partial t} = -2\mu_1\xi_1 \\[2mm]
\dfrac{\partial \rho_2}{\partial t} = -6\mu_2\xi_1 - 4\mu_2\xi_2 - 10\mu_2\xi_3 - 12\mu_2\xi_4 - 26\mu_2\xi_5 \\[2mm]
\dfrac{\partial \rho_3}{\partial t} = \mu_3\xi_1 + \mu_3\xi_2 \\[2mm]
\dfrac{\partial \rho_4}{\partial t} = 3\mu_4\xi_1 + \mu_4\xi_2 - 2\mu_4\xi_3 - \mu_4\xi_4 \\[2mm]
\dfrac{\partial \rho_5}{\partial t} = -2\mu_5\xi_2 \\[2mm]
\dfrac{\partial \rho_6}{\partial t} = -\mu_6\xi_3 \\[2mm]
\dfrac{\partial \rho_7}{\partial t} = \mu_7\xi_3 \\[2mm]
\dfrac{\partial \rho_8}{\partial t} = -\mu_8\xi_4 - 3\mu_8\xi_5 \\[2mm]
\dfrac{\partial \rho_9}{\partial t} = \mu_9\xi_4 \\[2mm]
\dfrac{\partial \rho_{10}}{\partial t} = -3\mu_{10}\xi_5 \\[2mm]
\dfrac{\partial \rho_{11}}{\partial t} = \mu_{11}\xi_5 \\[2mm]
\dfrac{\partial \rho_{12}}{\partial t} = 0
\end{cases} \tag{4-25a}$$

$$\begin{cases} \dfrac{\partial \rho_{13}}{\partial t} = 0 \\[2mm] \dfrac{\partial \rho_{14}}{\partial t} = 0 \\[2mm] \dfrac{\partial \rho_{15}}{\partial t} = 0 \end{cases} \tag{4-25b}$$

式中,$\mu_i (i=1,2,\cdots,15)$ 为 15 种物质的分子量。

在腐蚀阶段,混凝土试样中不仅有腐蚀反应,还有硫酸的扩散,此外水化反应仍在继续,质量守恒方程为:

$$\begin{cases} \dfrac{\partial \rho_1}{\partial t} = -2\mu_1\xi_1 \\[2mm] \dfrac{\partial \rho_2}{\partial t} = -6\mu_2\xi_1 - 4\mu_2\xi_2 - 10\mu_2\xi_3 - 12\mu_2\xi_4 - 26\mu_2\xi_5 + \\[2mm] \qquad\quad 26\mu_2\xi_7 - 2\mu_2\xi_8 + 12\mu_2\xi_9 + 12\mu_2\xi_{10} \\[2mm] \dfrac{\partial \rho_3}{\partial t} = \mu_3\xi_1 + \mu_3\xi_2 - \mu_3\xi_8 \\[2mm] \dfrac{\partial \rho_4}{\partial t} = 3\mu_4\xi_1 + \mu_4\xi_2 - 2\mu_4\xi_3 - \mu_4\xi_4 - \mu_4\xi_6 \\[2mm] \dfrac{\partial \rho_5}{\partial t} = -2\mu_5\xi_2 \\[2mm] \dfrac{\partial \rho_6}{\partial t} = -\mu_6\xi_3 \\[2mm] \dfrac{\partial \rho_7}{\partial t} = \mu_7\xi_3 - \mu_7\xi_{10} \\[2mm] \dfrac{\partial \rho_8}{\partial t} = -\mu_8\xi_4 - 3\mu_8\xi_5 \\[2mm] \dfrac{\partial \rho_9}{\partial t} = \mu_9\xi_4 - \mu_9\xi_9 \\[2mm] \dfrac{\partial \rho_{10}}{\partial t} = -3\mu_{10}\xi_5 + \mu_{10}\xi_6 + 6\mu_{10}\xi_7 + 3\mu_{10}\xi_8 + 4\mu_{10}\xi_9 + 6\mu_{10}\xi_{10} \\[2mm] \dfrac{\partial \rho_{11}}{\partial t} = \mu_{11}\xi_5 - \mu_{11}\xi_7 \\[2mm] \dfrac{\partial \rho_{12}}{\partial t} = -\dfrac{\partial J_{12}}{\partial r} - \mu_{12}\xi_6 - 6\mu_{12}\xi_7 - 3\mu_{12}\xi_8 - 7\mu_{12}\xi_9 - 12\mu_{12}\xi_{10} \\[2mm] \dfrac{\partial \rho_{13}}{\partial t} = 2\mu_{13}\xi_8 \end{cases} \tag{4-26a}$$

$$\begin{cases} \dfrac{\partial \rho_{14}}{\partial t} = \mu_{14}\xi_9 + \mu_{14}\xi_{10} \\[3mm] \dfrac{\partial \rho_{15}}{\partial t} = \mu_{15}\xi_{10} \end{cases} \tag{4-26b}$$

4.5 孔隙率和渗透率演化方程

记物质 X_i 质量密度为 $\overline{m}_i$，体积元 $\delta\Omega$ 中物质 X_i 的体积为 $\delta\Omega_i$，质量为 δM_i，$(i=1,2,\cdots,15)$。

在养护阶段中，混凝土试样中硅酸三钙（X_1）、硅酸二钙（X_5）、铁铝酸四钙（X_6）和铝酸三钙（X_8）与水（X_2）反应产生水化硅酸钙（X_3）、氢氧化钙（X_4）、水化铁铝酸钙（X_7）、水化铝酸四钙（X_9）和三硫铝酸钙（X_{11}）。体积元 $\delta\Omega$ 中液态物质的体积为 $\delta\Omega_{\text{liq}} = \delta\Omega_2$，质量为 $\delta M_{\text{liq}} = \rho_2\delta\Omega$；固态物质的体积为 $\delta\Omega_s = \delta\Omega_1 + \sum\limits_{j=3}^{11}\delta\Omega_j$，质量为 $\delta M_s = \left(\rho_1 + \sum\limits_{j=3}^{11}\rho_j\right)\delta\Omega$。

在水化反应中，固态物质质量和液态物质质量的物质导数分别为：

$$\frac{\mathrm{d}}{\mathrm{d}t}(\delta M_s) = \left(\frac{\partial \rho_1}{\partial t} + \sum_{j=3}^{11}\frac{\partial \rho_j}{\partial t}\right)\delta\Omega \tag{4-27}$$

和

$$\frac{\mathrm{d}}{\mathrm{d}t}(\delta M_{\text{liq}}) = \frac{\partial \rho_2}{\partial t}\delta\Omega \tag{4-28}$$

固态物质体积和液态物质体积的物质导数分别为：

$$\frac{\mathrm{d}}{\mathrm{d}t}(\delta\Omega_s) = \left(\frac{1}{\overline{m}_1}\frac{\partial \rho_1}{\partial t} + \sum_{j=3}^{11}\frac{1}{\overline{m}_j}\frac{\partial \rho_j}{\partial t}\right)\delta\Omega \tag{4-29}$$

和

$$\frac{\mathrm{d}}{\mathrm{d}t}(\delta\Omega_{\text{liq}}) = \frac{1}{\overline{m}_2}\frac{\partial \rho_2}{\partial t}\delta\Omega \tag{4-30}$$

将式（4-29）和式（4-30）代入式（2-3），得到：

$$\omega = -\frac{\dfrac{1}{\overline{m}_1}\dfrac{\partial \rho_1}{\partial t} + \sum\limits_{j=3}^{11}\dfrac{1}{\overline{m}_j}\dfrac{\partial \rho_j}{\partial t}}{\dfrac{1}{\overline{m}_2}\dfrac{\partial \rho_2}{\partial t}} \tag{4-31}$$

同理，可以导出腐蚀阶段的合缩系数，即

$$\omega = -\frac{\dfrac{1}{m_1}\dfrac{\partial \rho_1}{\partial t} + \displaystyle\sum_{j=3}^{11}\dfrac{1}{m_j}\dfrac{\partial \rho_j}{\partial t} + \displaystyle\sum_{j=13}^{15}\dfrac{1}{m_j}\dfrac{\partial \rho_j}{\partial t}}{\dfrac{1}{m_2}\dfrac{\partial \rho_2}{\partial t} + \dfrac{1}{m_{12}}\dfrac{\partial \rho_{12}}{\partial t}} \tag{4-32}$$

将式(4-30)代入式(2-7),得到养护阶段孔隙率的演化方程,即

$$\frac{\mathrm{d}\phi}{\mathrm{d}t} = \frac{1}{m_2}\left[1 - \phi(1 - \omega)\right]\frac{\partial \rho_2}{\partial t} \tag{4-33}$$

同理可以得到腐蚀阶段孔隙率的演化方程,即

$$\frac{\mathrm{d}\phi}{\mathrm{d}t} = \left[1 - \phi(1 - \omega)\right]\left(\frac{1}{m_2}\frac{\partial \rho_2}{\partial t} + \frac{1}{m_{12}}\frac{\partial \rho_{12}}{\partial t}\right) \tag{4-34}$$

渗透率与孔隙率的关系一直是渗流力学的研究热点,人们提出了大量的渗透率-孔隙率经验关系式[175],目前应用最为广泛的渗透率-孔隙率关系由幂指数函数确定,即

$$k = k_r\left(\frac{\phi}{\phi_r}\right)^{p_p} \tag{4-35}$$

式中,k 为渗透率,k_r 渗透率参考值,ϕ 为孔隙率,ϕ_r 为孔隙率的参考值,p_p 为幂指数。

对式(4-35)求导,得到:

$$\frac{\mathrm{d}k}{\mathrm{d}t} = k\frac{p_p}{\phi}\frac{\mathrm{d}\phi}{\mathrm{d}t} \tag{4-36}$$

将式(4-34)代入式(4-36),得到渗透率演化方程,即:

$$\frac{\mathrm{d}k}{\mathrm{d}t} = k\frac{p_p}{\phi}\left[1 - \phi(1 - \omega)\right]\left(\frac{1}{m_2}\frac{\partial \rho_2}{\partial t} + \frac{1}{m_{12}}\frac{\partial \rho_{12}}{\partial t}\right) \tag{4-37}$$

为了计算孔隙率,需要给出孔隙率的初始值 ϕ_0。设试样的体积为 B_s,试样中粗集料和水泥的净体积(除去孔隙体积)分别为 B_g 和 B_c,则初始孔隙率为:

$$\phi_0 = 1 - \frac{B_g + B_c}{B_s} \tag{4-38}$$

4.6 反应动力学模型

大孔隙混凝土的渗透率取决于孔隙率,而孔隙率的变化取决于反应速率和质量浓度。为了描述反应速率和质量浓度的分布及其随时间的变化规律,我们建立一种考虑硫酸扩散的反应动力学模型。

在养护阶段,质量守恒方程为一组常微分方程,故定解条件只有初始条件没

有边界条件。初始时刻,生成物的浓度等于零,而反应物的质量浓度由水泥熟料配比、水的质量以及试样体积等共同决定。

设水泥熟料中 $3CaO \cdot SiO_2$、$2CaO \cdot SiO_2$、$4CaO \cdot Al_2O_3 \cdot Fe_2O_3$ 和 $3CaO \cdot Al_2O_3$ 的质量分数分别为 Z_1、Z_5、Z_6 和 Z_8,水泥和水的质量分别为 M_c 和 M_w,则初始时刻各种物质的质量浓度分布见式(4-39)。

$$
\begin{cases}
\rho_1 \big|_{t=0} = \dfrac{Z_1 M_c}{B_s} \\[2mm]
\rho_2 \big|_{t=0} = \dfrac{M_w}{B_s} \\[2mm]
\rho_3 \big|_{t=0} = 0 \\[2mm]
\rho_4 \big|_{t=0} = 0 \\[2mm]
\rho_5 \big|_{t=0} = \dfrac{Z_5 M_c}{B_s} \\[2mm]
\rho_6 \big|_{t=0} = \dfrac{Z_6 M_c}{B_s} \\[2mm]
\rho_7 \big|_{t=0} = 0 \\[2mm]
\rho_8 \big|_{t=0} = \dfrac{Z_8 M_c}{B_s} \\[2mm]
\rho_9 \big|_{t=0} = 0 \\[2mm]
\rho_{10} \big|_{t=0} = 0 \\[2mm]
\rho_{11} \big|_{t=0} = 0 \\[2mm]
\rho_{12} \big|_{t=0} = 0 \\[2mm]
\rho_{13} \big|_{t=0} = 0 \\[2mm]
\rho_{14} \big|_{t=0} = 0 \\[2mm]
\rho_{15} \big|_{t=0} = 0
\end{cases}
\tag{4-39}
$$

在腐蚀阶段,质量守恒方程中有一个偏微分方程,故定解条件不仅有初始条件还有边界条件。

记养护时间为 T_m,$\rho_i \big|_{t=T_m} = \rho_i^*$ $(i = 1, 2, \cdots, 11, 13, \cdots, 15)$,腐蚀开始时腐蚀槽中硫酸的质量浓度为 ρ_{pool}^0,则初始条件为:

$$\begin{cases} \rho_1 \mid_{t=T_m} = \rho_1^* \\[4pt] \rho_2 \mid_{t=T_m} = \rho_2^* \\[4pt] \rho_3 \mid_{t=T_m} = 0 \\[4pt] \rho_4 \mid_{t=T_m} = 0 \\[4pt] \rho_5 \mid_{t=T_m} = \rho_5^* \\[4pt] \rho_6 \mid_{t=T_m} = \rho_6^* \\[4pt] \rho_7 \mid_{t=T_m} = 0 \\[4pt] \rho_8 \mid_{t=T_m} = \rho_8^* \\[4pt] \rho_9 \mid_{t=T_m} = 0 \\[4pt] \rho_{10} \mid_{t=T_m} = \rho_{10}^* \\[4pt] \rho_{11} \mid_{t=T_m} = 0 \\[4pt] \rho_{12} \mid_{t=T_m} = \rho_{pool}^0 \left[1 - J_0 \left(2.41 \dfrac{r}{a_s} \right) \right] \\[4pt] \rho_{13} \mid_{t=T_m} = 0 \\[4pt] \rho_{14} \mid_{t=T_m} = 0 \\[4pt] \rho_{15} \mid_{t=T_m} = 0 \end{cases} \qquad (4\text{-}40)$$

初始时刻$(t=T_m)$硫酸液浓度满足方程 $D_{12} = \dfrac{\rho_{12}}{r} + \dfrac{\partial \rho_{12}}{r} = \dfrac{\partial \rho_{12}}{\partial t}$，其解可以用

第一类 Bessel（贝塞尔）柱函数表示，即 $\rho_{12} \mid_{t=T_m} = \rho_{pool}^0 \left[1 - J_0 \left(\chi \dfrac{r}{a_s} \right) \right]$。通过计

算，发现第一类 Bessel 柱函数的第一个零点为 2.41。因此，取 $\chi = 2.41$ 便可保证

$\rho_{12} \mid_{t=T_m, r=a_s} = \rho_{pool}$，$\rho_{12} \mid_{t=T_m, r=0} = 0$，并且在 $r \in [0, a_s]$ 时满足扩散的质量守恒

方程。因此，初始时刻$(t=T_m)$硫酸液浓度可表示为：

$$\rho_{12} \mid_{t=T_m} = \rho_{pool}^0 \left[1 - J_0 \left(2.41 \dfrac{r}{a_s} \right) \right] \qquad (4\text{-}41)$$

化学反应不产生质量迁移，无须考虑边界条件，只有硫酸的扩散才需考虑边界条件。

记腐蚀槽中硫酸的质量浓度为 ρ_{pool}，则边界条件为：

$$\rho_{12}\mid_{r=a_s}=\rho_{\text{pool}} \tag{4-42}$$

腐蚀过程中,腐蚀槽中硫酸的质量浓度 ρ_{pool} 也随时间变化。记腐蚀槽中硫酸溶液的体积为 B_{pool},初始时刻腐蚀槽中硫酸的质量浓度为 ρ_{pool}^0,则初始时刻腐蚀槽中硫酸的质量为 $\rho_{\text{pool}}^0 B_{\text{pool}}$。在 $\mathrm{d}t$ 时间内,腐蚀槽内硫酸的质量变化为 $\pi B_{\text{pool}}\dfrac{\partial\rho_{\text{pool}}}{\partial t}\mathrm{d}t$,由扩散进入混凝土试样的硫酸质量为 $-2\pi a_s H_s J_{12}\mid_{r=a_s}\mathrm{d}t$。根据质量守恒定律,腐蚀槽内硫酸减小的质量等于扩散到混凝土试样的质量,故有:

$$-\pi B_{\text{pool}}\frac{\partial\rho_{\text{pool}}}{\partial t}\mathrm{d}t=2\pi a_s H_s(-J_{12})\bigg|_{r=a_s}\mathrm{d}t \tag{4-43}$$

化简上式,得到:

$$\frac{\partial\rho_{\text{pool}}}{\partial t}=-\frac{2\pi a_s H_s}{B_{\text{pool}}}J_{12}\bigg|_{r=a_s} \tag{4-44}$$

式(4-41)和式(4-44)共同构成硫酸扩散的边界条件。

式(4-13)、式(4-17)、式(4-18)、式(4-23)～式(4-26)、式(4-37)、式(4-39)～式(4-42)和式(4-44)共同构成了混凝土试样反应动力学模型。在此动力学模型中,决策变量共有 12 个,分别为反应速率常数 $\varsigma_i(i=1,2,\cdots,10)$、扩散系数的参考值 D_{12} 和幂指数 p_{12}。根据反应动力学模型,可以绘制出变量之间的联系,如图 4-3 所示。

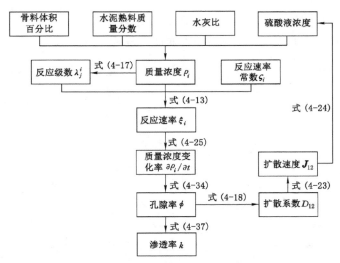

图 4-3　动力学模型变量关系框图

4.7 反应动力学响应计算方法

扩散是一种物质迁移过程。浸泡在腐蚀槽中混凝土试样的外表圆柱面附近的硫酸液浓度高于试样中心轴线处的硫酸液浓度,故硫酸由外表圆柱面向内部扩散。扩散速度与浓度的梯度成比例,试样中任一点硫酸液浓度的变化率又与扩散速度的梯度成正比。因此,在硫酸的质量守恒方程中便出现了硫酸液浓度对径向坐标的偏导数项。在柱坐标表达的硫酸质量守恒方程中,$D_{12}\dfrac{1}{r}\dfrac{\partial}{\partial r}\left(r\dfrac{\partial \rho_{12}}{\partial r}\right)$ 一项在 $r=0$ 处为奇异的。因此,在构造硫酸液浓度计算方法时应特别注意回避奇异性带来的误差甚至算法的发散。

化学反应是在当地进行的物质转化过程,不存在物质浓度对径向坐标的偏导数项。因此,设计算法的注意力不需要放在克服 $r=0$ 处的奇异性上,而应放在反应级数的跳跃上。

因此,本节设计的算法体现了两个特色,一是回避 $r=0$ 处的奇异性,二是考虑反应级数的跳跃。

4.7.1 单元划分及圆柱面上物理量的表示方法

将圆柱形试样分割为 N 个圆管柱 $C_i(i=1,2,\cdots,N)$,如图 4-4 所示。第 i 个管柱 C_i 的边界由内圆柱面 S_i^-、外圆柱面 S_{i+1}、上底面 U_i 和下底面 B_i 组成,即

$$\partial C_i = S_{i-1}^- \bigcup S_i \bigcup B_i \bigcup U_i \quad (i=1,2,\cdots,N) \tag{4-45}$$

其中,内圆柱面、外圆柱面、上底面和下底面分别表示为:

$$r=\frac{i-1}{N}a_s \quad (i=1,2,\cdots,N),0\leqslant\theta\leqslant2\pi,0\leqslant x\leqslant H_s \tag{4-46}$$

$$r=\frac{i}{N}a_s \quad (i=1,2,\cdots,N),0\leqslant\theta\leqslant2\pi,0\leqslant x\leqslant H_s \tag{4-47}$$

$$\frac{i-1}{N}a_s\leqslant r\leqslant\frac{i}{N}a_s \quad (i=1,2,\cdots,N),0\leqslant\theta\leqslant2\pi,x=H_s \tag{4-48}$$

$$\frac{i-1}{N}a_s\leqslant r\leqslant\frac{i}{N}a_s \quad (i=1,2,\cdots,N),0\leqslant\theta\leqslant2\pi,x=0 \tag{4-49}$$

U_i 的法线沿 e_x,B_i 的法线与 e_x 反向,S_i 的法线沿 e_r,S_i^{-1} 的法线方向与 S_i 相反。因为第 i 个管柱的内圆柱面与第($i-1$)个管柱的外圆柱面占据的空间位置相同,只是外法线方向相反,故我们表达第 i 个管柱的内圆柱面时,附加上标"—"。

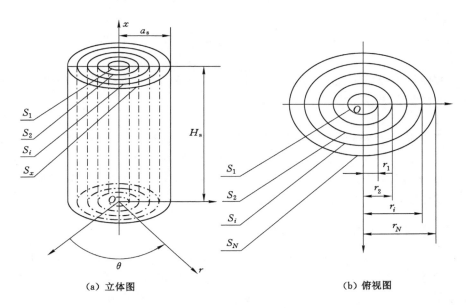

（a）立体图　　　　　　　　　　（b）俯视图

图 4-4　试样单元划分

　　管柱 C_i 的内、外半径分别为 $\dfrac{i-1}{N}a_s$ 和 $\dfrac{i}{N}a_s(i=1,2,\cdots,N)$，高度为 H_s。第一个管柱的内半径为零，故 C_1 为半径为 $\dfrac{1}{N}a_s$，高度为 H_s 的圆柱。需要说明，第一个管柱内径为零，不是严格意义上的管柱。

　　引入符号 $h_r=\dfrac{a_s}{N}$ 和 $a_i=\dfrac{i}{N}a_s(i=1,2,\cdots,N)$，可将圆管柱 $C_i(i=1,2,\cdots,N)$ 在铅垂方向的投影 C_i^x 表示为：

$$a_{i-1}\leqslant r\leqslant a_i\quad(i=1,2,\cdots,N),0\leqslant\theta\leqslant2\pi\qquad(4\text{-}50)$$

$C_i^x(i=2,3,\cdots,N)$ 为圆环，内半径为 a_{i-1}，外半径为 a_i，$i=1,2,\cdots,N$。由于 $r=0$，故 C_1^x 为半径为 $\dfrac{1}{N}a_s$ 的圆。

　　下面介绍在圆柱面 $S_i(i=2,3,\cdots,N)$ 上各物理量的表示方法。

　　（1）质量浓度

　　圆柱面上质量浓度用一个核标 ρ，两个下标和一个上标表示，即 $\rho_{ij}^k(i=1,2,\cdots,15;j=1,2,\cdots,N;k=1,2,\cdots)$。其中，核标 ρ 反映物理量的属性，第一个下标 i 表示物质的序号，第二个下标 j 表示圆柱面的位置，上标表示第 k 个时刻。轴线（$r=0$）上的质量浓度标记为 $\rho_{i1}^k(i=1,2,\cdots,15;k=1,2,\cdots)$。

由于物质种类数和圆柱面个数都大于 10，故 i 和 j 都需占据两个字符的位置，即用两位数字表示，如 ρ_{0314}^{17} 表示 $t=t_{17}$ 时刻物质 X_3 在圆柱面 S_{14} 的质量浓度。

腐蚀槽中硫酸质量浓度用一个核标 ρ，一个表示积分步数的上标和一个下标"pool"表示，即 $\rho_{\text{pool}}^{k+1}(k=1,2,\cdots)$。

（2）反应级数

圆柱面上反应级数用一个核标 λ、两个下标和两个上标表示，即 $_l^k\lambda_j^i$ $(i=01,$ $02,\cdots,10;j=1,2,\cdots,15;l=1,2,\cdots,N+1;k=1,2,\cdots)$。其中，右下标 j 表示物质序号，右上标 i 表示反应序号，左下标 l 表示圆柱面序号，左上标 k 表示时刻。

其他物理量的表示方法不予赘述。

4.7.2　圆柱面上质量浓度计算方法

在式（4-26）中，硫酸液浓度不仅受到化学反应的影响，还受到扩散的影响，故 ρ_{12} 的计算比其他物质浓度的计算复杂。为了节省篇幅，本章只介绍 ρ_{12}（包括圆柱面上的硫酸质量浓度和腐蚀槽中硫酸质量浓度）的计算方法。

在 C_i 上对式（4-26）进行积分，得到：

$$\int_{C_1}\frac{\partial\rho_{12}}{\partial t}\mathrm{d}\Omega = -\int_{C_1}\left[\frac{\partial J_{12}}{\partial r}+\mu_{12}\xi_6+6\mu_{12}\xi_7+3\mu_{12}\xi_8+7\mu_{12}\xi_9+12\mu_{12}\xi_{10}\right]\mathrm{d}\Omega$$

$$(4\text{-}51)$$

应用 Gauss（高斯）散度公式，得到：

$$\int_{C_1}\frac{\partial J_{12}}{\partial r}\mathrm{d}\Omega = \int_{\partial C_1}J_{12}(\boldsymbol{e}_r\cdot\boldsymbol{n})\mathrm{d}S = \int_{S_{i-1}}J_{12}(\boldsymbol{e}_r\cdot\boldsymbol{n})\mathrm{d}S + \int_{S_i}J_{12}(\boldsymbol{e}_r\cdot\boldsymbol{n})\mathrm{d}S$$

$$= -\int_{S_{i-1}}J_{12}\mathrm{d}S + \int_{S_i}J_{12}\mathrm{d}S \qquad (4\text{-}52)$$

将式（4-52）代入式（4-51），得到：

$$\int_{C_1}\frac{\partial\rho_{12}}{\partial t}\mathrm{d}\Omega = \int_{S_{i-1}}J_{12}\mathrm{d}S - \int_{S_i}J_{12}\mathrm{d}S - \int_{C_1}(\mu_{12}\xi_6+6\mu_{12}\xi_7+3\mu_{12}\xi_8+$$

$$7\mu_{12}\xi_9+12\mu_{12}\xi_{10})\mathrm{d}\Omega$$

$$(4\text{-}53)$$

在区间 $[a_{i-1},a_i]$ 上对 $\dfrac{\partial\rho_{12}}{\partial t}$ 进行 Lagrange（拉格朗日）插值，得到：

$$\frac{\partial\rho_{12}}{\partial t}=\frac{r-a_i}{a_{i-1}-a_i}\left.\frac{\partial\rho_{12}}{\partial t}\right|_{r=r_{i-1}}+\frac{r-a_{i-1}}{a_i-a_{i-1}}\left.\frac{\partial\rho_{12}}{\partial t}\right|_{r=r_i}\qquad(i=2,3,\cdots,N)$$

$$(4\text{-}54)$$

将式(4-54)代入式(4-53)左端,得到

$$\int_{C_1} \frac{\partial \rho_{12}}{\partial t} d\Omega = \int_0^{2\pi} \int_0^{H_s} \int_{a_{i-1}}^{a_i} \frac{\partial \rho_{12}}{\partial t} r \, dt \, dx \, d\theta$$

$$= 2\pi H_s \int_{a_{i-1}}^{a_i} \left[\frac{r-a_i}{a_{i-1}-a_i} \frac{\partial \rho_{12}}{\partial t} \bigg|_{r=r_{i-1}} + \frac{r-a_i}{a_i-a_{i-1}} \frac{\partial \rho_{12}}{\partial t} \bigg|_{r=r_i} \right] r \, dr$$

$$= \pi H_s \frac{\partial \rho_{12}}{\partial t} \bigg|_{r=r_{i-1}} \left(a_{i-1} + \frac{1}{3} h_r \right) h_r + \pi H_s \frac{\partial \rho_{12}}{\partial t} \bigg|_{r=r_i} \left(a_{i-1} + \frac{2}{3} h_r \right) h_r$$

$$(4-55)$$

同理,式(4-53)右侧第三项有:

$$\int_{C_1} (\mu_{12}\xi_6 + 6\mu_{12}\xi_7 + 3\mu_{12}\xi_8 + 7\mu_{12}\xi_9 + 12\mu_{12}\xi_{10}) d\Omega =$$

$$\pi H_s (\mu_{12}\xi_6 + 6\mu_{12}\xi_7 + 3\mu_{12}\xi_8 + 7\mu_{12}\xi_9 + 12\mu_{12}\xi_{10}) |_{r=r_{i-1}} \left(a_{i-1} + \frac{1}{3} h_r \right) h_r +$$

$$\pi H_s (\mu_{12}\xi_6 + 6\mu_{12}\xi_7 + 3\mu_{12}\xi_8 + 7\mu_{12}\xi_9 + 12\mu_{12}\xi_{10}) |_{r=r_i} \left(a_{i-1} + \frac{2}{3} h_r \right) h_r$$

$$(4-56)$$

计算式(4-53)右端的面积分,得到:

$$\int_{S_{i-1}} J_{12} dS = 2\pi r_{i-1} H_s J_{12} |_{r=r_{i-1}} \tag{4-57}$$

和

$$\int_{S_i} J_{12} dS = 2\pi r_i H_s J_{12} |_{r=r_i} \tag{4-58}$$

将式(4-55)~式(4-58)代入式(4-53),得到:

$$\pi H_s \frac{\partial \rho_{12}}{\partial t} \bigg|_{r=r_{i-1}} \left(a_{i-1} + \frac{1}{3} h_r \right) h_r =$$

$$- \pi H_s \frac{\partial \rho_{12}}{\partial t} \bigg|_{r=r_i} \left(a_{i-1} + \frac{2}{3} h_r \right) h_r + 2\pi r_{i-1} H_s J_{12} |_{r=r_{i-1}} - 2\pi r_i H_s J_{12} |_{r=r_i} -$$

$$\pi H_s (\mu_{12}\xi_6 + 6\mu_{12}\xi_7 + 3\mu_{12}\xi_8 + 7\mu_{12}\xi_9 + 12\mu_{12}\xi_{10}) |_{r=r_{i-1}} \left(a_{i-1} + \frac{1}{3} h_r \right) h_r -$$

$$\pi H_s (\mu_{12}\xi_6 + 6\mu_{12}\xi_7 + 3\mu_{12}\xi_8 + 7\mu_{12}\xi_9 + 12\mu_{12}\xi_{10}) |_{r=r_i} \left(a_{i-1} + \frac{2}{3} h_r \right) h_r$$

$$(4-59)$$

化简式(4-59),得到:

$$\frac{\partial \rho_{12}}{\partial t}\Big|_{r=r_{i-1}} \left(a_{i-1}+\frac{1}{3}h_r\right)h_r = -\frac{\partial \rho_{12}}{\partial t}\Big|_{r=r_i}\left(a_{i-1}+\frac{2}{3}h_r\right)h_r + 2r_{i-1}J_{12}\big|_{r=r_{i-1}} -$$

$$2r_i J_{12}\big|_{r=r_i} - (\mu_{12}\xi_6 + 6\mu_{12}\xi_7 + 3\mu_{12}\xi_8 + 7\mu_{12}\xi_9 + 12\mu_{12}\xi_{10})\big|_{r=r_{i-1}}\left(a_{i-1}+\frac{1}{3}h_r\right)h_r -$$

$$(\mu_{12}\xi_6 + 6\mu_{12}\xi_7 + 3\mu_{12}\xi_8 + 7\mu_{12}\xi_9 + 12\mu_{12}\xi_{10})\big|_{r=r_i}\left(a_{i-1}+\frac{2}{3}h_r\right)h_r$$

$$(4\text{-}60)$$

圆柱面 $r=a_s$ 上硫酸液浓度等于腐蚀槽中硫酸液浓度,故可写出:

$$\rho_{12(N+1)}^k = \rho_{\text{pool}}^k \tag{4-61}$$

式中,ρ_{pool}^k 为 t_k 时刻腐蚀槽中硫酸液浓度。

根据式(4-60)可以写出硫酸质量浓度变化率的计算公式:

$$\dot{\rho}_{12(i-1)}^k = \frac{1}{\left(r_{i-1}+\frac{1}{3}h_r\right)h_r}\Bigg[-\dot{\rho}_{12i}^{k+1}\left(r_{i-1}+\frac{2}{3}h_r\right)h_r + 2r_{i-1}J_{12}\big|_{r=r_{i-1}}^{t=t_k} - 2r_i J_{12}\big|_{r=r_{i-1}}^{t=t_k}$$

$$-(\mu_{12}\xi_6 + 6\mu_{12}\xi_7 + 3\mu_{12}\xi_8 + 7\mu_{12}\xi_9 + 12\mu_{12}\xi_{10})\big|_{r=r_{i-1}}^{t=t_k}\left(r_{i-1}+\frac{1}{3}h_r\right)h_r$$

$$-(\mu_{12}\xi_6 + 6\mu_{12}\xi_7 + 3\mu_{12}\xi_8 + 7\mu_{12}\xi_9 + 12\mu_{12}\xi_{10})\big|_{r=r_i}^{t=t_k}\left(r_{i-1}+\frac{2}{3}h_r\right)h_r\Bigg]$$

$$(4\text{-}62)$$

于是可以写出硫酸的质量浓度计算公式:

$$\rho_{12(i-1)}^{k+1} = \rho_{12(i-1)}^k + \dot{\rho}_{12(i-1)}^k(t_{k+1}-t_k) \quad (i=2,3,\cdots,N;k=0,1,\cdots) \tag{4-63}$$

同理,可以构造出其他物质质量浓度的计算公式。需要说明的是,计算圆柱面 $r=a_s$ 上硫酸液浓度无须计算浓度变化率,故无须构造 ρ_{12N}^k 的计算公式。

4.7.3　反应级数与反应速率的计算

根据式(4-15)直接写出 t_k 时刻第 i 个反应第 j 种物质在圆柱面 S_1 上反应物贫富系数:

$$\zeta_{ij1}^k = \frac{\rho_{j1}^k}{Y_{ij}^{\text{stoi}}}(i=1,2,\cdots,10;j=1,2,\cdots,15;k=1,2,\cdots) \tag{4-64}$$

并计算出每个反应中反应物贫富系数的最小值:

$$\zeta_i^{*k} = \min_{1\leqslant j\leqslant 15}\{\zeta_{ij}^k,i=1,2,\cdots,10\} \tag{4-65}$$

根据式(4-17)直接写出 t_k 时刻第 i 个反应第 j 种物质在圆柱面 S_j 上的反应级数:

$$_l^k\lambda_j^j = \begin{cases} 1, \zeta_{ij} = \zeta_i^* \\ 0, \zeta_{ij} > \zeta_i^* \end{cases} \quad (i=1,2,\cdots,10; j=1,2,\cdots,15; l=1,2,\cdots,N+1; k=1,2,\cdots)$$

$$(4\text{-}66)$$

根据式(4-13)直接写出 t_k 时刻第 j 种物质在圆柱面 S_l 上的反应速率：

$$\begin{cases} _l^k\xi_{1j} = \varsigma_1 \rho_1^{l^k\lambda_1^1} \rho_2^{l^k\lambda_2^1} \\ _l^k\xi_{2j} = \varsigma_2 \rho_5^{l^k\lambda_5^2} \rho_2^{l^k\lambda_2^2} \\ _l^k\xi_{3j} = \varsigma_3 \rho_6^{l^k\lambda_6^3} \rho_2^{l^k\lambda_2^3} \rho_4^{l^k\lambda_4^3} \\ _l^k\xi_{4j} = \varsigma_4 \rho_8^{l^k\lambda_8^4} \rho_2^{l^k\lambda_2^4} \rho_4^{l^k\lambda_4^4} \\ _l^k\xi_{5j} = \varsigma_5 \rho_8^{l^k\lambda_8^5} \rho_2^{l^k\lambda_2^5} \rho_{10}^{l^k\lambda_{10}^5} \\ _l^k\xi_{6j} = \varsigma_6 \rho_4^{l^k\lambda_4^6} \rho_{12}^{l^k\lambda_{12}^6} \\ _l^k\xi_{7j} = \varsigma_7 \rho_{11}^{l^k\lambda_{11}^7} \rho_{12}^{l^k\lambda_{12}^7} \\ _l^k\xi_{8j} = \varsigma_8 \rho_3^{l^k\lambda_3^8} \rho_{12}^{l^k\lambda_{12}^8} \rho_2^{l^k\lambda_2^8} \\ _l^k\xi_{9j} = \varsigma_9 \rho_9^{l^k\lambda_9^9} \rho_{12}^{l^k\lambda_{12}^9} \\ _l^k\xi_{10j} = \varsigma_{10} \rho_9^{l^k\lambda_7^{10}} \rho_{12}^{l^k\lambda_{12}^{10}} \end{cases} \quad (j=1,2,\cdots,15; l=1,2,\cdots,N+1; k=1,2,\cdots)$$

$$(4\text{-}67)$$

4.7.4 孔隙率、渗透率、扩散系数和扩散速度的计算

记 t_k 时刻圆柱面 S_l 上水和硫酸的质量浓度变化率分别为 $\bar\rho_{02l}^k$ 和 $\bar\rho_{12l}^k$，则根据式(4-34)可以写出孔隙率变化率的计算公式：

$$\bar\phi_l^k = [1-\phi(1-\omega)]\left(\frac{1}{\overline{m}_2}\bar\rho_{2l}^k + \frac{1}{\overline{m}_{12}}\bar\rho_{12l}^k\right) \quad (k=0,1,\cdots) \qquad (4\text{-}68)$$

根据式(4-68)可以写出孔隙率的计算公式：

$$\phi_l^{k+1} = \phi_l^k + [1-\phi(1-\omega)]\left(\frac{1}{\overline{m}_2}\bar\rho_{2l}^k + \frac{1}{\overline{m}_{12}}\bar\rho_{12l}^k\right)(t_{k+1}-t_k)$$

$$(l=2,3,\cdots,N; k=0,1,\cdots) \qquad (4\text{-}69)$$

根据式(4-35)直接构造出渗透率的计算公式：

$$k_l^j = k_r\left(\frac{\phi_l^j}{\phi_r}\right)^{p_p} \quad (l=2,3,\cdots,N; j=0,1,\cdots) \qquad (4\text{-}70)$$

根据式(4-18)直接构造出扩散系数的计算公式：

$$D_{12l}^k = D_{12r}\left(\frac{\phi_l^k}{\phi_r}\right)^{p_{12}} \quad (l=2,3,\cdots,N; k=0,1,\cdots) \qquad (4\text{-}71)$$

t_k 时刻圆柱面 S_l 上扩散速度通过向后差分得到的计算公式为：

$$J_{12l}^k = \frac{\rho_{12l}^k - \rho_{12(l-1)}^k}{r_l - r_{l-1}} \quad (l = 2, 3, \cdots, N+1; k = 0, 1, \cdots) \quad (4\text{-}72)$$

t_k 时刻轴线($r=0$)上扩散速度通过向前差分得到的计算公式为：

$$J_{1201}^k = \frac{\rho_{1202}^k - \rho_{1201}^k}{r_2 - r_1} \quad (k = 0, 1, \cdots) \quad (4\text{-}73)$$

4.7.5　腐蚀槽硫酸液浓度的计算

由于硫酸向试样中扩散，腐蚀槽中硫酸的质量浓度随时间减小。根据式(4-44)可以写出腐蚀槽中硫酸的质量浓度变化率 $\bar{\rho}_{\text{pool}}^k$ 的计算公式：

$$\bar{\rho}_{\text{pool}}^k = -\frac{2\pi a_s H_s}{B^{\text{pool}}} J_{12(N+1)}^k \quad (k = 0, 1, \cdots) \quad (4\text{-}74)$$

根据式(4-74)直接构造出腐蚀槽中硫酸的质量浓度的计算公式：

$$\rho_{\text{pool}}^{k+1} - \rho_{\text{pool}}^k = \bar{\rho}_{\text{pool}}^k (t_{k+1} - t_k) \quad (k = 0, 1, \cdots) \quad (4\text{-}75)$$

4.7.6　初始浓度的计算

在养护阶段，质量浓度的初始值根据式(4-39)直接写出，即

$$\begin{cases} \rho_{01l}^0 = Z_l M_c / B_s \\ \rho_{02l}^0 = M_w / B_s \\ \rho_{03l}^0 = 0 \\ \rho_{04l}^0 = 0 \\ \rho_{05l}^0 = Z_5 M_c / B_s \\ \rho_{06l}^0 = Z_6 M_c / B_s \\ \rho_{07l}^0 = 0 \\ \rho_{08l}^0 = Z_8 M_c / B_s \quad (l = 1, 2, \cdots, N+1) \\ \rho_{09l}^0 = 0 \\ \rho_{10l}^0 = 0 \\ \rho_{11l}^0 = 0 \\ \rho_{12l}^0 = 0 \\ \rho_{13l}^0 = 0 \\ \rho_{14l}^0 = 0 \\ \rho_{15l}^0 = 0 \end{cases} \quad (4\text{-}76)$$

除硫酸(X_{12})之外,腐蚀阶段质量浓度的初始值等于养护阶段的终了值,即

$$\begin{cases}\rho_{01l}^0 = \rho_{01}^* \\ \rho_{02l}^0 = \rho_{02}^* \\ \rho_{03l}^0 = \rho_{03}^* \\ \rho_{04l}^0 = \rho_{04}^* \\ \rho_{05l}^0 = \rho_{05}^* \\ \rho_{06l}^0 = \rho_{06}^* \\ \rho_{07l}^0 = \rho_{07}^* \\ \rho_{08l}^0 = \rho_{08}^* \quad (l=1,2,\cdots,N+1) \\ \rho_{09l}^0 = \rho_{09}^* \\ \rho_{10l}^0 = \rho_{10}^* \\ \rho_{11l}^0 = \rho_{11}^* \\ \rho_{12l}^0 = \rho_{12}^* \\ \rho_{13l}^0 = \rho_{13}^* \\ \rho_{14l}^0 = \rho_{14}^* \\ \rho_{15l}^0 = \rho_{15}^* \end{cases} \tag{4-77}$$

假设腐蚀阶段的初始时刻,硫酸在试样中处于平衡状态,即满足 Fick 第一定律和 Fick 第二定律,则硫酸的质量浓度分布可用 Bessel 柱函数表示。根据式(4-41)可构造出硫酸质量浓度初始值的计算公式:

$$\rho_{12l}^0 = \rho_{\text{pool}}^{12}\left[1 - J_0\left(2.41\frac{l-1}{N}\right)\right] \quad (l=1,2,\cdots\cdots,N+1) \tag{4-78}$$

4.7.7 扩散到试样中的硫酸质量与反应消耗的硫酸质量的计算

单位时间内,由腐蚀槽扩散到试样中的硫酸质量为:

$$\overline{M}_{12d} = -2\pi a_s H_s J_{12}\big|_{r=a_s} \tag{4-79}$$

根据式(4-79),容易写出由腐蚀槽扩散到试样中硫酸质量的计算公式:

$$M_{12d}^{k+1} - M_{12d}^k = 2\pi a_s H_s J_{12(N+1)}^k (t_{k+1} - t_k) \quad (k=0,1,\cdots) \tag{4-80}$$

参照式(4-55),可以计算出管柱 $C_i(i=0,1,\cdots)$ 中硫酸的质量,即

$$\int_0^{2\pi}\int_0^{H_s}\int_{a_{i-1}}^{a_i} \rho_{12}\,d\Omega = \pi H_s \rho_{12}\big|_{r=r_{i-1}}\left(r_{i-1} + \frac{1}{3}h_r\right)h_r + \pi H_s \rho_{12}\big|_{r=r_i}\left(r_{i-1} + \frac{2}{3}h_r\right)h_r$$

$$(i=1,2,\cdots,N) \tag{4-81}$$

将 N 个管柱中硫酸质量相加,得到试样中硫酸的质量:

$$M_{12} = \pi H_s h_r \sum_{i=1}^{N} \left[\rho_{12}|_{r=r_{i-1}} \left(r_{i-1} + \frac{1}{3} h_r \right) + \rho_{12}|_{r=r_i} \left(r_{i-1} + \frac{2}{3} h_r \right) \right]$$

$$(4\text{-}82)$$

根据式(4-82),试样中硫酸质量的计算公式:

$$M_{12}^k = \pi H_s h_r \sum_{i=1}^{N} \left[\rho_{12}^k \left(r_{i-1} + \frac{1}{3} h_r \right) + \rho_{12i}^k \left(r_{i-1} + \frac{2}{3} h_r \right) \right] \quad (k=0,1,\cdots)$$

$$(4\text{-}83)$$

由腐蚀槽扩散到试样中的硫酸质量一部分被反应消耗,还有一部分留在孔隙中,故反应消耗的硫酸质量等于由腐蚀槽扩散到试样中的硫酸质量减去留在孔隙中的硫酸质量。因此,可以写出反应消耗的硫酸质量计算公式:

$$M_{12w}^k = M_{12d}^k - M_{12}^k \quad (k=0,1,\cdots) \tag{4-84}$$

4.8 反应动力学响应计算示例

为了验证 4.7 节中设计的算法的收敛性,本节给出算例。这里需要说明,由于缺少反应速率常数、扩散系数的参考值 D_{12r} 和指数 p_{12}、渗透率的参考值 k_r 和指数 p_p 的取值范围,计算结果与试验结果不具备可比性。因此,我们并不根据试验结果评判计算方法的精度与稳定性。如果硫酸液浓度等物理量在 $r=0$ 处不发散并且部分反应级数发生跳跃时,算法的设计便认为是合理的。

4.8.1 计算流程

根据 4.7 节中设计的算法,写出计算反应动力学响应的流程。

(1)给定输入条件

反应动力学响应计算的输入条件包括以下几个方面:

① 试样中水泥质量、各种熟料的质量百分比、粗集料的质量、掺水量;② 15 种物质的分子量和质量密度;③ 10 个反应的计量系数;④ 试样的直径与高度;⑤ 腐蚀槽中硫酸溶液的体积与质量浓度;⑥ 10 个反应速率常数;⑦ 单元个数(圆柱面个数)、积分步长、积分时间、记录变量的时刻(或间隔);⑧ 孔隙率的参考值,对应于该参考值的扩散系数和渗透率,扩散系数的幂指数和渗透率的幂指数。

(2)计算初始时刻的孔隙率、扩散系数和渗透率

计算粗集料的净体积(除去孔隙体积)B_g 和水泥的净体积 B_c,然后根据式(4-38)计算出初始孔隙率。

然后再根据式(4-43)和式(4-18)分别计算出初始时刻的渗透率和扩散

系数。

（3）计算初始时刻的反应级数

首先根据式（4-14），计算出各个反应中反应物的恰当质量分数；其次，根据式（4-15）计算出反应物贫富系数；最后，根据式（4-17）计算出 24 个反应级数 λ_{01}^{01}、λ_{02}^{01}、λ_{05}^{02}、λ_{02}^{02}、λ_{06}^{03}、λ_{02}^{03}、λ_{04}^{03}、λ_{08}^{04}、λ_{02}^{04}、λ_{04}^{05}、λ_{08}^{05}、λ_{02}^{05}、λ_{10}^{06}、λ_{04}^{06}、λ_{12}^{07}、λ_{11}^{07}、λ_{12}^{07}、λ_{03}^{08}、λ_{12}^{08}、λ_{02}^{08}、λ_{09}^{09}、λ_{12}^{09}、λ_{07}^{10}、λ_{12}^{10}。

（4）计算养护阶段的响应

在养护阶段，反应个数为 5。由于没有扩散，试样中各点的质量浓度、反应速率和反应级数相同。计算流程如图 4-5 所示。

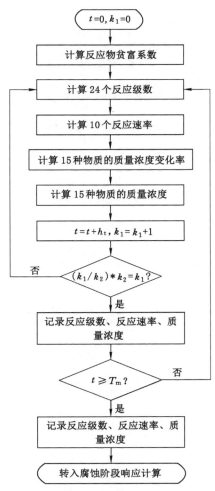

图 4-5 大孔隙混凝土养护阶段响应计算过程流程图

（5）计算腐蚀阶段的响应

在腐蚀阶段，反应个数为10。由于考虑扩散，试样中各点的质量浓度、反应速率和反应级数不同。计算流程如图4-6所示。

图4-6 大孔隙混凝土腐蚀阶段响应计算过程流程图

4.8.2 输入条件

试样高度 $H_s = 200$ mm，半径 $a_s = 50$ mm，体积为 $B_s = 1.57 \times 10^{-3}$ m³。15 种物质的分子量分别为 $\mu_1 = 228$，$\mu_2 = 18$，$\mu_3 = 342$，$\mu_4 = 74$，$\mu_5 = 172$，$\mu_6 = 486$，$\mu_7 = 814$，$\mu_8 = 270$，$\mu_9 = 560$，$\mu_{10} = 172$，$\mu_{11} = 622$，$\mu_{12} = 98$，$\mu_{13} = 78$，$\mu_{14} = 342$，$\mu_{15} = 400$。

计量系数构成的矩阵为：

$$
\overline{m} = \begin{bmatrix}
-2 & -6 & 1 & 3 & 0 & 0 & 0 & 0 & 0 & 0 & 0 & 0 & 0 & 0 & 0 \\
0 & -4 & 1 & 1 & -2 & 0 & 0 & 0 & 0 & 0 & 0 & 0 & 0 & 0 & 0 \\
0 & -10 & 0 & -2 & 0 & -1 & 1 & 0 & 0 & 0 & 0 & 0 & 0 & 0 & 0 \\
0 & -12 & 0 & -1 & 0 & 0 & 0 & -1 & 1 & 0 & 0 & 0 & 0 & 0 & 0 \\
0 & -26 & 0 & 0 & 0 & 0 & 0 & -1 & 0 & -3 & 1 & 0 & 0 & 0 & 0 \\
0 & 0 & 0 & -1 & 0 & 0 & 0 & 0 & 1 & 0 & -1 & 0 & 0 & 0 \\
0 & 26 & 0 & 0 & 0 & 0 & 0 & 0 & 6 & -1 & -6 & 0 & 1 & 0 \\
0 & -2 & -1 & 0 & 0 & 0 & 0 & 0 & 3 & 0 & -3 & 0 & 0 & 0 \\
0 & 12 & 0 & 0 & 0 & 0 & 0 & 0 & -1 & 4 & 0 & -7 & 0 & 1 & 0 \\
0 & 12 & 0 & 0 & 0 & 0 & -1 & 0 & 0 & 6 & 0 & -12 & 0 & 1 & 1 \\
\end{bmatrix}
$$

15 种物质的质量密度分别为 $\overline{m}_1 = 3.25 \times 10^3$ kg/m³，$\overline{m}_2 = 1.00 \times 10^3$ kg/m³，$\overline{m}_3 = 2.33 \times 10^3$ kg/m³，$\overline{m}_4 = 1.65 \times 10^3$ kg/m³，$\overline{m}_5 = 3.28 \times 10^3$ kg/m³，$\overline{m}_6 = 3.30 \times 10^3$ kg/m³，$\overline{m}_7 = 1.80 \times 10^3$ kg/m³，$\overline{m}_8 = 2.71 \times 10^3$ kg/m³，$\overline{m}_9 = 2.50 \times 10^3$ kg/m³，$\overline{m}_{10} = 2.40 \times 10^3$ kg/m³，$\overline{m}_{11} = 2.53 \times 10^3$ kg/m³，$\overline{m}_{12} = 2.74 \times 10^3$ kg/m³，$\overline{m}_{13} = 2.75 \times 10^3$ kg/m³，$\overline{m}_{14} = 2.86 \times 10^3$ kg/m³，$\overline{m}_{15} = 2.74 \times 10^3$ kg/m³。

试样中水泥质量 $M_c = 0.580$ kg，硅酸三钙、硅酸二钙、铁铝酸四钙、铝酸三钙和石膏的质量占比分别为 $Z_1 = 0.5$，$Z_5 = 0.27$，$Z_6 = 0.1$，$Z_8 = 0.1$，$Z_{10} = 0.03$。掺水量 $M_2 = 0.220$ kg。

因此，初始时刻物质浓度为 $\rho_1^0 = \dfrac{Z_1 M_c}{B_s} = \dfrac{0.5 \times 0.580}{1.57 \times 10^{-3}} = 1.85 \times 10^2$ kg/m³，

$\rho_2^0 = \dfrac{M_2}{B_s} = \dfrac{0.22}{1.57 \times 10^{-3}} = 1.40 \times 10^2$ kg/m³，$\rho_3^0 = \dfrac{Z_3 M_c}{B_s} = 0$，$\rho_4^0 = \dfrac{Z_4 M_c}{B_s} = 0$，$\rho_5^0 = \dfrac{Z_5 M_c}{B_s} = \dfrac{0.27 \times 0.580}{1.57 \times 10^{-3}} = 0.10 \times 10^2$ kg/m³，$\rho_6^0 = \dfrac{Z_6 M_c}{B_s} = \dfrac{0.1 \times 0.580}{1.57 \times 10^{-3}} = 0.37 \times 10^2$ kg/m³，$\rho_7^0 = \dfrac{Z_7 M_c}{B_s} = 0$，$\rho_8^0 = \dfrac{Z_8 M_c}{B_s} = \dfrac{0.1 \times 0.580}{1.57 \times 10^{-3}} = 0.37 \times 10^2$ kg/m³，$\rho_9^0 =$

$$\frac{Z_9 M_c}{B_s}=0, \rho_{10}^0=\frac{Z_{10} M_c}{B_s}=\frac{0.03 \times 0.580}{1.57 \times 10^{-3}}=0.11 \times 10^2 \ \text{kg/m}^3, \rho_{11}^0=\frac{Z_{11} M_c}{B_s}=0, \rho_{12}^0=$$

$$\frac{Z_{12} M_c}{B_s}=0, \rho_{13}^0=\frac{Z_{13} M_c}{B_s}=0, \rho_{13}^0=\frac{Z_{13} M_c}{B_s}=0, \rho_{14}^0=\frac{Z_{14} M_c}{B_s}=0, \rho_{15}^0=\frac{Z_{15} M_c}{B_s}=0$$

第一个反应的反应物恰当质量分数分别为：

$$Y_{11}^{\text{stoi}}=\frac{|m_{11}|\mu_1}{|m_{11}|\mu_1+|m_{12}|\mu_2}=\frac{2 \times 228}{2 \times 228+6 \times 18}=0.809$$

$$Y_{12}^{\text{stoi}}=\frac{|m_{12}|\mu_2}{|m_{11}|\mu_1+|m_{12}|\mu_2}=\frac{6 \times 18}{2 \times 228+6 \times 18}=0.191$$

反应物的贫富系数分别为：

$$\zeta_{11}=\frac{\rho_1^0}{Y_{11}^{\text{stoi}}}=\frac{1.85 \times 10^2}{0.809}=2.28 \times 10^2$$

$$\zeta_{12}=\frac{\rho_2^0}{Y_{12}^{\text{stoi}}}=\frac{1.40 \times 10^2}{0.191}=1.51 \times 10^2$$

由于 $\zeta_{11} < \zeta_{12}$，故反应速率取决于 ρ_1^0，即反应级数 $\lambda_{01}^{01}=1, \lambda_{02}^{01}=1$，同理可以计算出第 2～10 个反应的反应级数。这些计算都由 Fortran 程序完成。

粗集料的质量为 2.85 kg，质量密度为 $2.66 \times 10^3 \ \text{kg/m}^3$，水泥的质量为 0.58 kg，质量密度为 $3.0 \times 10^3 \ \text{kg/m}^3$，根据式(4-38)计算得到孔隙率的初始值 $\phi_0=0.159$。

反应速率常数分别为 $\varsigma_1=1.49 \times 10^{-9} \ \text{s}^{-1}, \varsigma_2=2.68 \times 10^{-10} \ \text{s}^{-1}, \varsigma_3=4.81 \times 10^{-10} \ \text{s}^{-1}, \varsigma_4=6.94 \times 10^{-11} \ \text{s}^{-1}, \varsigma_5=7.12 \times 10^{-9} \ \text{s}^{-1}, \varsigma_6=2.93 \times 10^{-9} \ \text{s}^{-1}, \varsigma_7=9.52 \times 10^{-9} \ \text{s}^{-1}, \varsigma_8=2.04 \times 10^{-10} \ \text{s}^{-1}, \varsigma_9=1.99 \times 10^{-9} \ \text{s}^{-1}, \varsigma_{10}=8.28 \times 10^{-9} \ \text{s}^{-1}$。

孔隙率的参考值为 $\phi_r=0.1$，对应于孔隙率参考值的扩散系数和渗透率分别为 $D_{12r}=8.45 \times 10^{-13} \ \text{m}^2/\text{s}$ 和 $k_r=8.45 \times 10^{-13} \ \text{m}^2$，扩散系数和渗透率的幂指数分别为 $p_{12}=2.11$ 和 $p_p=2.0$，合缩系数为 $\omega=0.8$。

将试样分割为 $N=50$ 个管柱(第一个管柱为圆柱)，管柱的壁厚为 $h_r=\frac{a_s}{N}=\frac{50}{50}=1$ mm，圆柱面的径向坐标分别为 $h_r=\frac{(i-1)a_s}{50}$。

养护时间 $T_m=28$ d，腐蚀时间为 $T_c=77$ d，腐蚀槽体积为 $B_{\text{pool}}=0.102\ 6 \ \text{m}^3$，腐蚀初始时刻槽中硫酸液的质量浓度 $\rho_{\text{pool}}^0=0.98 \ \text{kg/m}^3$。

4.8.3　计算结果

取积分步长为 $h_t=10$ s，计算水化阶段(28 d)的响应，反应级数每隔 360 步

(1 h)输出一次,其他物理量每隔 8 640 步(1 d)输出一次。下面将从养护阶段的反应级数、反应速率、质量浓度变化率、质量浓度,以及腐蚀阶段的反应级数、质量浓度、反应速率、硫酸质量、扩散速度、孔隙率、扩散系数、渗透率等方面来描述示例的计算结果。

(1) 养护阶段的反应级数

在整个养护阶段,第 1 个、第 2 个和第 5 个反应的级数未发生跳跃,且 $\lambda_{01}^{01} \equiv 1$,$\lambda_{02}^{01} \equiv 0$,$\lambda_{02}^{02} \equiv 0$,$\lambda_{05}^{02} \equiv 1$,$\lambda_{08}^{05} \equiv 0$,$\lambda_{10}^{05} \equiv 1$,$\lambda_{02}^{05} \equiv 1$。

第 3 个反应中,反应级数 $\lambda_{02}^{03} \equiv 0$,$\lambda_{06}^{03}$ 和 λ_{04}^{03} 在 $t = 54$ h 发生跳跃,且 λ_{06}^{03} 由 0 变为 1,λ_{04}^{03} 由 1 变为 0。

第 4 个反应中,反应级数 $\lambda_{02}^{04} \equiv 0$,$\lambda_{08}^{04}$ 和 λ_{04}^{04} 在 $t = 5$ h 发生跳跃,且 λ_{08}^{04} 由 0 变为 1,λ_{04}^{04} 由 1 变为 0。

(2) 养护阶段的反应速率

由式(4-13)可以知道,在已知反应速率常数 $\varsigma_i (i = 1, 2, \cdots, 10)$,质量浓度 $\rho_i (i = 1, 2, \cdots, 15)$ 和反应级数 $\lambda_j^i (i = 01, 02, \cdots, 10; j = 1, 2, \cdots, 15)$ 时,可以求出反应速率 $\xi_i (i = 1, 2, \cdots, 10)$。水化阶段反应速率 ξ_1 随时间变化的曲线如图 4-7 所示,反应速率 $\xi_2 \sim \xi_5$ 随时间变化的曲线如图 4-8 所示。

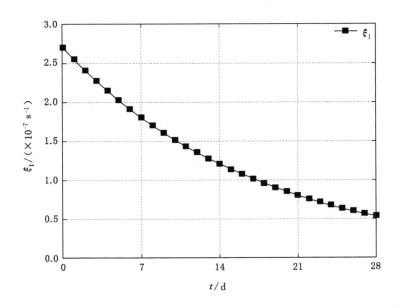

图 4-7　反应速率 ξ_1 随时间变化的曲线

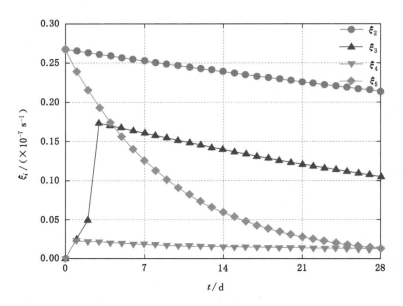

图 4-8 反应速率 $\xi_2 \sim \xi_5$ 随时间变化的曲线

由图 4-7 可以看出，反应速率 ξ_1 随时间单调减小，从 2.70×10^{-7} s^{-1} 减小至 0.54×10^{-7} s^{-1}，减小了 80.00%。这表明，物质 X_1（硅酸三钙）的质量浓度随时间单调减小，在整个养护阶段的反应级数 λ_{01}^{01} 和 λ_{02}^{01} 未发生跳跃，且 $\lambda_{01}^{01} \equiv 1, \lambda_{02}^{01} \equiv 0$。

由图 4-8 可以看出：① 反应速率 ξ_2 随时间按近似线性的趋势减小，且从 2.67×10^{-8} s^{-1} 减小至 2.14×10^{-8} s^{-1}，减小了 19.85%；② 当 $t \leqslant 3$ d 时，反应速率 ξ_3 从 0 迅速增加到 1.74×10^{-8} s^{-1}，当 $t > 3$ d 时，ξ_3 按近似线性的趋势减小；③ 当 $t \leqslant 1$ d 时，反应速率 ξ_4 从 0 迅速增加到 2.31×10^{-9} s^{-1}，当 $t > 1$ d 时，ξ_4 按近似线性的趋势减小；④ 反应速率 ξ_5 随时间单调减小，从 2.66×10^{-8} s^{-1} 减小至 1.32×10^{-9} s^{-1}，减小了 95.04%。

反应速率 ξ_2 和 ξ_5 随时间单调减小的原因在于第 2 个反应和第 5 个反应的级数未发生跳跃。反应速率 ξ_3 和 ξ_4 先增后减的原因在于第 3 个反应和第 4 个反应的级数分别在 $t = 54$ h 和 $t = 5$ h 时发生跳跃。

（3）养护阶段的质量浓度变化率

图 4-9 给出了水化反应阶段物质中物质 X_i 的质量浓度变化率 $d\rho_i/dt$（$i = 1, 2, \cdots, 11$）随时间变化的曲线。

由图 4-9 可以看出，无论是反应物还是生成物，质量浓度变化率在 $t \leqslant 2$ d

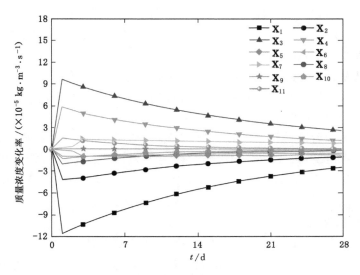

图 4-9　水化反应阶段物质的质量浓度变化率曲线

时变化剧烈,随着时间的增大质量浓度变化率的绝对值逐渐减小。

（4）养护阶段的质量浓度

图 4-10 给出了水化反应阶段物质 $X_i (i=1,2,\cdots,11)$ 的质量浓度 ρ_i 随时间变化的曲线。

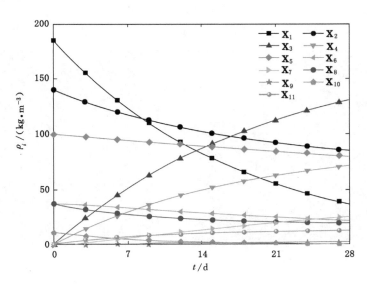

图 4-10　水化反应阶段物质的质量浓度曲线

由图 4-10 可以看出,反应物 X_1、X_2、X_5、X_6、X_8 和 X_{10} 的质量浓度随时间单调减小;生成物 X_3、X_7、X_9 和 X_{11} 与中间产物 X_4 的质量浓度随时间单调增大。

(5)腐蚀阶段的反应级数

为了清楚地表述反应级数跳跃情况,我们将数值映射为颜色,通过方格图显示不同时刻和不同位置的反应级数,方格图的横坐标表示时间,纵坐标表示径向坐标,红色代表反应级数为 1,蓝色代表反应级数为 0。

在整个腐蚀阶段,第 1 个、第 2 个、第 3 个、第 4 个、第 6 个和第 8 个反应未发生反应级数跳跃,且 $\lambda_{01}^{01} \equiv 1$,$\lambda_{02}^{01} \equiv 0$,$\lambda_{05}^{02} \equiv 1$,$\lambda_{02}^{02} \equiv 0$,$\lambda_{06}^{03} \equiv 1$,$\lambda_{03}^{03} \equiv 0$,$\lambda_{04}^{03} \equiv 0$,$\lambda_{08}^{04} \equiv 1$,$\lambda_{02}^{04} \equiv 0$,$\lambda_{04}^{04} \equiv 0$,$\lambda_{12}^{06} \equiv 1$,$\lambda_{04}^{06} \equiv 0$,$\lambda_{12}^{08} \equiv 1$,$\lambda_{03}^{08} \equiv 0$,$\lambda_{02}^{08} \equiv 0$;在第 5 个反应中,反应级数 λ_{08}^{05} 和 λ_{10}^{05} 发生跳跃,而 λ_{02}^{05} 不发生跳跃,且 $\lambda_{02}^{05} \equiv 0$。第 7 个、第 9 个和第 10 个反应均出现反应级数跳跃的现象。

在第 5 个反应中,物质 X_8 的反应级数 λ_{08}^{05} 由 0 跳跃到 1,物质 X_{10} 的反应级数 λ_{10}^{05} 由 1 跳跃到 0。图 4-11 给出了不同时刻反应级数 λ_{08}^{05} 和 λ_{10}^{05} 沿坐标 r 的分布。表 4-4 给出了不同坐标 r 对应的反应级数 λ_{10}^{05} 跳跃的时间。由表 4-4 可以看出:① 反应级数 λ_{08}^{05} 的跳跃发生在 $r \geqslant 29$ mm 的区域,换句话说,$r < 29$ mm 的区域不发生反应级数的跳跃;② 反应级数 λ_{08}^{05} 在圆柱面 $r = 50$ mm 和 $t = 3.43$ d 首先发生跳跃,随后在圆柱面 $r = 49$ mm、$r = 47$ mm、$r = 46$ mm……$r = 36$ mm 分别在 $t = 3.60$ d、$t = 4.99$ d、$t = 5.43$ d……$t = 54.00$ d 发生跳跃,整体趋势是反应级数 λ_{08}^{05} 发生跳跃的时间随坐标 r 的增大而减小,但不是 r 的单调函数;③ 在圆柱面 $r = 34$ mm、$r = 33$ mm、$r = 31$ mm 和 $r = 30$ mm 上,反应级数 λ_{08}^{05} 不发生跳跃。

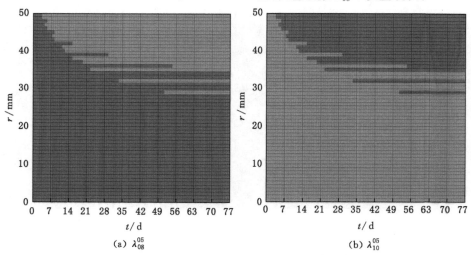

(a) λ_{08}^{05}　　　　　　　　　　(b) λ_{10}^{05}

图 4-11　不同时刻第 5 个反应的反应级数沿径向坐标的分布

表 4-4 反应级数 λ_{08}^{05} 发生跳跃的时刻表

序号	圆柱面	r/mm	t/d	跳跃前	跳跃后
1	S_{50}	50	3.43	0	1
2	S_{49}	49	3.60	0	1
3	S_{48}	48	5.07	0	1
4	S_{47}	47	4.99	0	1
5	S_{46}	46	5.43	0	1
6	S_{45}	45	8.61	0	1
7	S_{44}	44	7.63	0	1
8	S_{43}	43	8.14	0	1
9	S_{42}	42	15.40	0	1
10	S_{41}	41	11.10	0	1
11	S_{40}	40	12.30	0	1
12	S_{39}	39	29.40	0	1
13	S_{38}	38	15.80	0	1
14	S_{37}	37	19.20	0	1
15	S_{36}	36	54.00	0	1
16	S_{35}	35	22.50	0	1
17	S_{32}	32	33.40	0	1
18	S_{29}	29	51.40	0	1

在第 7 个反应中,物质 X_{11} 的反应级数 λ_{11}^{07} 由 0 跳跃到 1,物质 X_{12} 的反应级数 λ_{12}^{07} 由 1 跳跃到 0。图 4-12 给出了不同时刻反应级数 λ_{11}^{07} 和 λ_{12}^{07} 沿坐标 r 的分布。表 4-5 给出了不同坐标 r 对应的反应级数 λ_{11}^{07} 跳跃的时间。由表 4-5 可以看出:① 反应级数 λ_{11}^{07} 的跳跃发生在 $r \geqslant 38$ mm 的区域,换句话说,$r < 38$ mm 的区域不发生反应级数的跳跃;② 反应级数 λ_{11}^{07} 在圆柱面 $r = 50$ mm 和 $t = 0.52$ d 首先发生跳跃,随后在圆柱面 $r = 49$ mm、$r = 48$ mm、$r = 47$ mm……$r = 38$ mm 分别在 $t = 1.11$ d、$t = 8.41$ d、$t = 9.79$ d……$t = 76.20$ d 发生跳跃,整体趋势基本是反应级数 λ_{11}^{07} 发生跳跃的时间随坐标 r 的增大而减小,但不是 r 的单调函数;③ 在圆柱面 $r = 39$ mm 和 $r = 40$ mm 上,反应级数 λ_{11}^{07} 不发生跳跃。

第 7 个反应中物质 X_{11} 的反应级数 λ_{11}^{07} 与物质 X_{12} 的反应级数 λ_{12}^{07} 满足关系 $\lambda_{11}^{07} + \lambda_{12}^{07} \equiv 1$,故不同时刻反应级数 λ_{11}^{07} 沿坐标 r 的分布与 λ_{12}^{07} 的图形全等,但颜色互补。

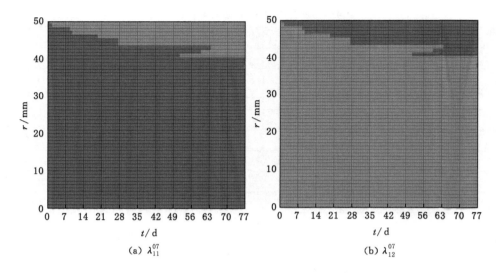

图 4-12   不同时刻第 7 个反应的反应级数沿径向坐标的分布

表 4-5   反应级数 λ_{11}^{07} 发生跳跃的时刻表

序号	圆柱面	r/mm	t/d	跳跃前	跳跃后
1	S_{50}	50	0.52	0	1
2	S_{49}	49	1.11	0	1
3	S_{48}	48	8.41	0	1
4	S_{47}	47	9.79	0	1
5	S_{46}	46	19.60	0	1
6	S_{45}	45	27.60	0	1
7	S_{44}	44	27.20	0	1
8	S_{43}	43	63.40	0	1
9	S_{42}	42	59.20	0	1
10	S_{41}	41	51.40	0	1
11	S_{38}	38	76.20	0	1

图 4-13 给出了在第 9 个反应中不同时刻反应级数 λ_{09}^{09} 和 λ_{12}^{09} 沿坐标 r 的分布。表 4-6 给出了不同坐标 r 对应的反应级数 λ_{09}^{09} 跳跃的时间。由表 4-6 可以看出：① 反应级数 λ_{09}^{09} 的跳跃发生在 $r \geqslant 23$ mm 的区域，换句话说，在 $r < 23$ mm 的区域未发生反应级数的跳跃；② 在圆柱面 $S_{23} \sim S_{26}$、S_{28}、$S_{30} \sim S_{37}$、S_{40} 上，反应级数只发生了一次跳跃，即 λ_{09}^{09} 由 0 跳跃到 1，在其他圆柱面上反应级数发生

两次以上跳跃；③ 在 $r \geqslant 23$ mm 的区域,发生第一次跳跃的时间少于 3 d。

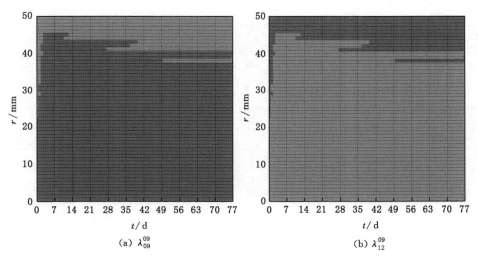

(a) λ_{09}^{09} (b) λ_{12}^{09}

图 4-13 不同时刻第 9 个反应的反应级数沿径向坐标的分布

表 4-6 反应级数 λ_{09}^{09} 发生跳跃的时刻表

序号	圆柱面	r/mm	t/d	跳跃前	跳跃后
1	S_{45}	45	2.11	0	1
			12.20	1	0
2	S_{44}	44	2.55	0	1
			8.70	1	0
			8.97	0	1
			10.00	1	0
3	S_{43}	43	2.74	0	1
			39.00	1	0
4	S_{42}	42	1.75	0	1
			36.00	1	0
5	S_{42}	41	1.94	0	1
			27.30	1	0
6	S_{40}	40	2.21	0	1
7	S_{39}	39	1.58	0	1
			76.60	1	0

表 4-6(续)

序号	圆柱面	r/mm	t/d	跳跃前	跳跃后
8	S_{38}	38	1.65	0	1
			49.60	1	0
			50.10	0	1
			50.20	1	0
9	S_{37}	37	1.91	0	1
10	S_{36}	36	1.29	0	1
11	S_{35}	35	1.47	0	1
12	S_{34}	34	1.69	0	1
13	S_{33}	33	1.04	0	1
14	S_{32}	32	1.34	0	1
15	S_{31}	31	0.80	0	1
16	S_{30}	30	0.99	0	1
17	S_{29}	29	0.64	0	1
			0.84	1	0
			1.26	0	1
18	S_{28}	28	0.77	0	1
19	S_{27}	27	0.50	0	1
			0.74	1	0
			0.99	0	1
20	S_{26}	26	0.62	0	1
21	S_{25}	25	0.39	0	1
22	S_{24}	24	0.23	0	1
23	S_{23}	23	0.11	0	1

在第 10 个反应中,物质 X_7 的反应级数 λ_{07}^{10} 由 0 跳跃到 1,物质 X_{12} 的反应级数 λ_{12}^{10} 由 1 跳跃到 0。图 4-14 给出了不同时刻反应级数 λ_{07}^{10} 和 λ_{12}^{10} 沿坐标 r 的分布。表 4-7 给出了不同坐标 r 对应的反应级数 λ_{07}^{10} 跳跃的时间。由表 4-7 可以看出:① 反应级数 λ_{07}^{10} 的跳跃发生在 $r \geqslant 44$ mm 的区域,换句话说,$r < 44$ mm 的区域不发生反应级数的跳跃;② 反应级数 λ_{07}^{10} 在圆柱面 $r = 50$ mm 和 $t = 4.92$ d 首先发生跳跃,随后在圆柱面 $r = 49$ mm、$r = 48$ mm、$r = 47$ mm……$r = 44$ mm 分别在 $t = 8.42$ d、$t = 15.5$ d、$t = 18.30$ d……$t = 49.9$ d 发生跳跃,整体趋势是反

应级数 λ_{07}^{10} 发生跳跃的时间随坐标 r 的增大而减小。

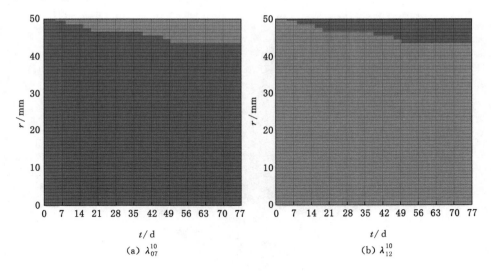

图 4-14 不同时刻第 10 个反应的反应级数沿径向坐标的分布

表 4-7 反应级数 λ_{07}^{10} 发生跳跃的时刻表

序号	圆柱面	r/mm	t/d	跳跃前	跳跃后
1	S_{50}	50	4.92	0	1
2	S_{49}	49	8.42	0	1
3	S_{48}	48	15.50	0	1
4	S_{47}	47	18.30	0	1
5	S_{46}	46	38.40	0	1
6	S_{45}	45	46.60	0	1
7	S_{44}	44	49.90	0	1

（6）腐蚀阶段的质量浓度

图 4-15 给出了腐蚀阶段物质 X_1 的质量浓度 ρ_1 随时间和径向坐标变化的曲面图。

由图 4-15 可以看出：① 物质 X_1 的质量浓度 ρ_1 沿径向呈近似均匀分布；② 物质 X_1 的质量浓度 ρ_1 随时间单调减小。根据图 4-15 的数据源文件，腐蚀开始时刻 ρ_1 为 36.90 kg/m³，当腐蚀到 77 d 时，ρ_1 减小到 0.44 kg/m³。

图 4-16 给出了腐蚀阶段物质 X_2 的质量浓度 ρ_2 随时间和径向坐标变化的曲面图。

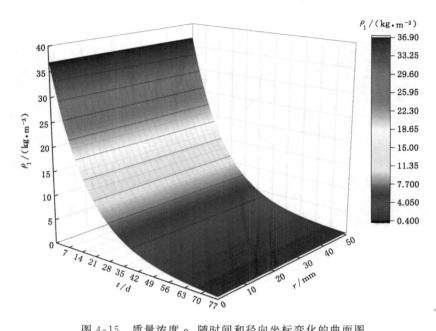

图 4-15　质量浓度 ρ_1 随时间和径向坐标变化的曲面图

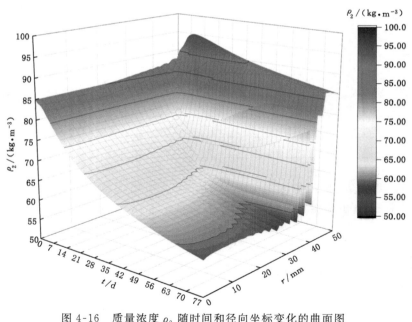

图 4-16　质量浓度 ρ_2 随时间和径向坐标变化的曲面图

由图 4-16 可以看出：① 物质 X_2 的质量浓度 ρ_2 整体上随时间减小；② 在靠近试样轴线的圆柱面($r \leqslant 30$ mm)上质量浓度 ρ_2 较靠近试样外表面的圆柱面(40 mm$\leqslant r$ $\leqslant$50 mm)变化快；③ 在 $t=0$ 时，质量浓度 ρ_2 沿径向呈近似直线分布，且 $r=0$ 和 $r=$ 50 mm 处量值相差很小；④ 在 $t=77$ d 时，质量浓度 ρ_2 沿径向剧烈波动。

图 4-17 给出了腐蚀阶段物质 X_3 的质量浓度 ρ_3 随时间和径向坐标变化的曲面图。

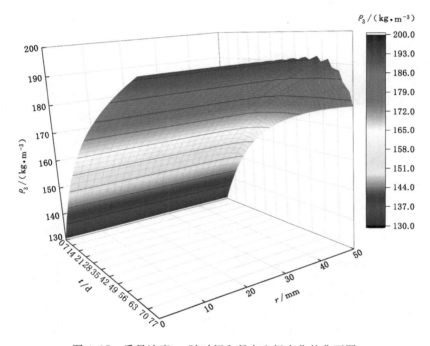

图 4-17　质量浓度 ρ_3 随时间和径向坐标变化的曲面图

由图 4-17 可以看出：① 物质 X_3 的质量浓度 ρ_3 随时间单调增大；② 试样轴线附近的质量浓度 ρ_3 始终大于试样外表面的质量浓度；③ 在 $t=0$ 时，质量浓度 ρ_3 呈均匀分布；④ 在 $t=77$ d 时，质量浓度 ρ_3 呈近似直线分布。

图 4-18 给出了腐蚀阶段物质 X_4 的质量浓度 ρ_4 随时间和径向坐标变化的曲面图。

由图 4-18 可以看出：① 物质 X_4 的质量浓度 ρ_4 随时间单调增大；② 试样轴线附近的质量浓度 ρ_4 始终大于试样外表面的质量浓度；③ 在 $t=0$ 时，质量浓度 ρ_4 呈均匀分布；④ 在 $t=77$ d 时，质量浓度 ρ_4 呈近似直线分布。

图 4-19 给出了腐蚀阶段物质 X_5 的质量浓度 ρ_5 随时间和径向坐标变化的曲面图。

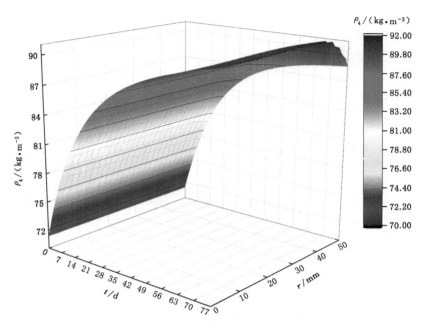

图 4-18　质量浓度 ρ_4 随时间和径向坐标变化的曲面图

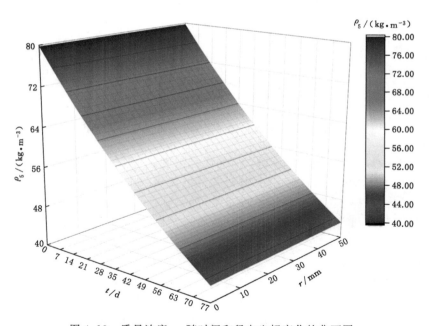

图 4-19　质量浓度 ρ_5 随时间和径向坐标变化的曲面图

由图 4-19 可以看出,物质 X_5 的质量浓度 ρ_5 沿径向呈近似直线分布,随时间单调减小。

图 4-20 给出了腐蚀阶段物质 X_6 的质量浓度 ρ_6 随时间和径向坐标变化的曲面图。

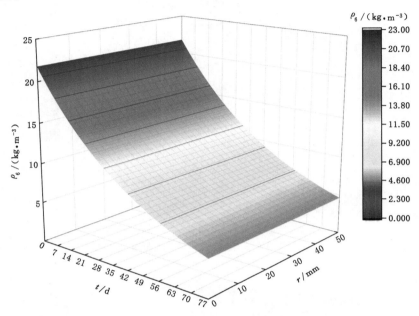

图 4-20　质量浓度 ρ_6 随时间和径向坐标变化的曲面图

由图 4-20 可以看出,物质 X_6 的质量浓度 ρ_6 沿径向呈近似直线分布,随时间单调减小。

图 4-21 给出了腐蚀阶段物质 X_7 的质量浓度 ρ_7 随时间和径向坐标变化的曲面图。

由图 4-21 可以看出:① 试样轴线附近的质量浓度 ρ_7 随时间单调增大,试样外表面附近的质量浓度 ρ_7 随时间单调减小;② 在腐蚀阶段的初期,质量浓度 ρ_7 呈均匀分布,在 $t = 77$ d 时,质量浓度 ρ_7 随径向坐标的增大而单调减小。

图 4-22 给出了腐蚀阶段物质 X_8 的质量浓度 ρ_8 随时间和径向坐标变化的曲面图。

由图 4-22 可以看出:① 质量浓度 ρ_8 随时间和径向坐标变化的曲面呈漏斗形;② 质量浓度 ρ_8 随时间单调减小;③ 试样轴线附近的质量浓度 ρ_8 大于试样外表面的质量浓度;④ 在腐蚀阶段的初期,质量浓度 ρ_8 呈均匀分布,随着时间的增加,曲率逐渐增大。

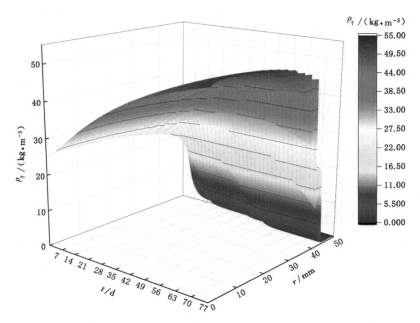

图 4-21　质量浓度 ρ_7 随时间和径向坐标变化的曲面图

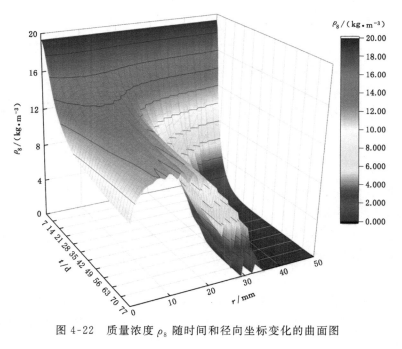

图 4-22　质量浓度 ρ_8 随时间和径向坐标变化的曲面图

图 4-23 给出了腐蚀阶段物质 X_9 的质量浓度 ρ_9 随时间和径向坐标变化的曲面图。

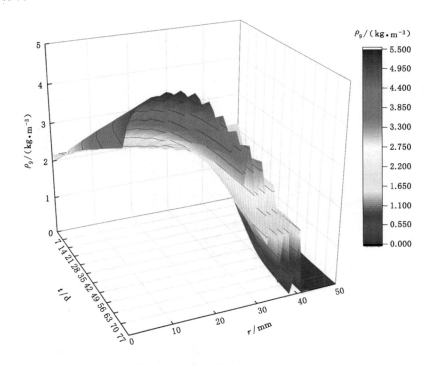

图 4-23　质量浓度 ρ_9 随时间和径向坐标变化的曲面图

由图 4-23 可以看出：① 试样轴线附近的质量浓度 ρ_9 随时间单调增大，试样外表面附近的质量浓度 ρ_9 随时间单调减小；② 在腐蚀阶段的初期，质量浓度 ρ_9 呈均匀分布，在 $t=77$ d 时，质量浓度 ρ_9 随径向坐标的增大呈先增大后减小。

图 4-24 给出了腐蚀阶段物质 X_{10} 的质量浓度 ρ_{10} 随时间和径向坐标变化的曲面图。

由图 4-24 可以看出：① 试样轴线附近的质量浓度 ρ_{10} 随时间单调减小，试样外表面附近的质量浓度 ρ_{10} 随时间单调增大；② 试样轴线附近的质量浓度 ρ_{10} 小于试样外表面的质量浓度；③ 在腐蚀阶段的初期，质量浓度 ρ_{10} 呈均匀分布，在 $t=77$ d 时，质量浓度 ρ_{10} 随径向坐标的增大呈先不变后增大。

图 4-25 给出了腐蚀阶段物质 X_{11} 的质量浓度 ρ_{11} 随时间和径向坐标变化的曲面图。

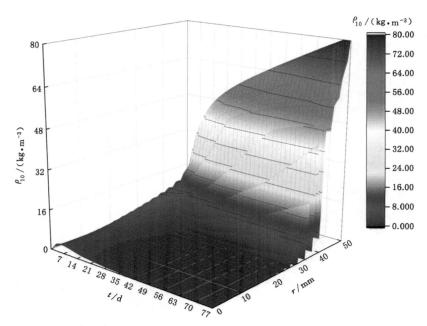

图 4-24　质量浓度 ρ_{10} 随时间和径向坐标变化的曲面图

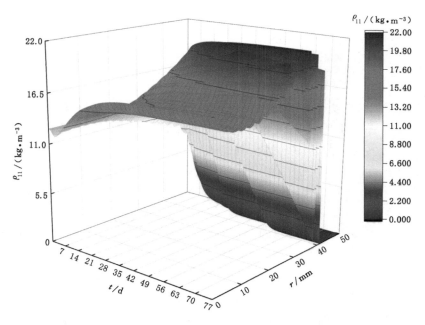

图 4-25　质量浓度 ρ_{11} 随时间和径向坐标变化的曲面图

由图 4-25 可以看出：① 试样轴线附近的质量浓度 ρ_{11} 随时间单调增大，试样外表面附近的质量浓度 ρ_{11} 随时间单调减小；② 试样轴线附近的质量浓度 ρ_{11} 大于试样外表面的质量浓度；③ 在腐蚀阶段的初期，质量浓度 ρ_{11} 呈均匀分布，在 $t = 77$ d 时，质量浓度 ρ_{11} 随径向坐标的增大呈先减小再增大，最后减小。

图 4-26 给出了腐蚀阶段物质 X_{12} 的质量浓度 ρ_{12} 随时间和径向坐标变化的曲面图。

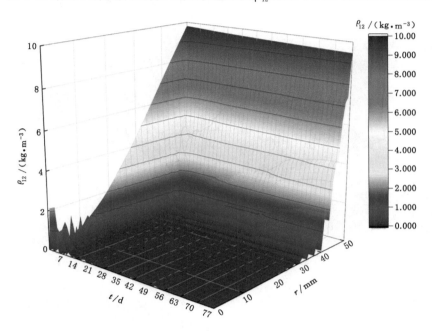

图 4-26　质量浓度 ρ_{12} 随时间和径向坐标变化的曲面图

由图 4-26 可以看出：① 试样轴线附近的质量浓度 ρ_{12} 不随时间变化，即 $\rho_{12} \equiv 0$，试样外表面附近的质量浓度 ρ_{12} 随时间单调减小；② 试样轴线附近的质量浓度 ρ_{12} 小于试样外表面的质量浓度；③ 在腐蚀阶段的初期，质量浓度 ρ_{12} 呈均匀分布，在 $t = 77$ d 时，质量浓度 ρ_{12} 随径向坐标的增大呈从零增大。

图 4-27 给出了腐蚀阶段物质 X_{13} 的质量浓度 ρ_{13} 随时间和径向坐标变化的曲面图。

由图 4-27 可以看出：① 试样轴线附近的质量浓度 ρ_{13} 不随时间变化，即 $\rho_{13} \equiv 0$，试样外表面附近的质量浓度 ρ_{13} 随时间单调增大；② 试样轴线附近的质量浓度 ρ_{13} 小于试样外表面的质量浓度；③ 在腐蚀阶段的初期，质量浓度 $\rho_{13} \equiv 0$，在 $t = 77$ d 时，质量浓度 ρ_{13} 随径向坐标的增大呈从零增大。

图 4-28 给出了腐蚀阶段物质 X_{14} 的质量浓度 ρ_{14} 随时间和径向坐标变化的曲面图。

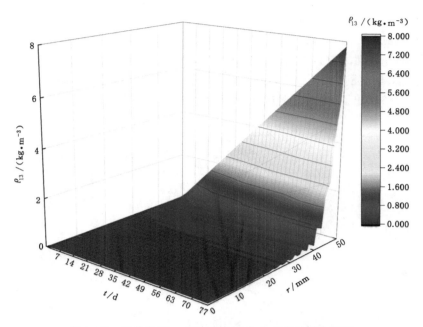

图 4-27　质量浓度 ρ_{13} 随时间和径向坐标变化的曲面图

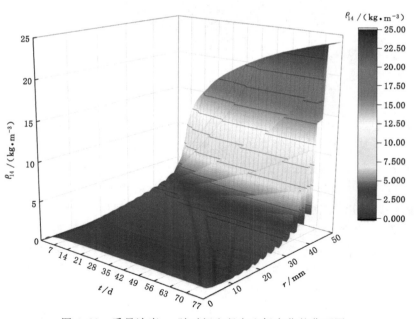

图 4-28　质量浓度 ρ_{14} 随时间和径向坐标变化的曲面图

由图 4-28 可以看出:① 试样轴线附近的质量浓度 ρ_{14} 不随时间变化,即 $\rho_{14}\equiv0$,试样外表面附近的质量浓度 ρ_{14} 随时间单调增大;② 试样轴线附近的质量浓度 ρ_{14} 小于试样外表面的质量浓度;③ 在腐蚀阶段的初期,质量浓度 $\rho_{14}\equiv0$,在 $t=77$ d 时,质量浓度 ρ_{14} 随径向坐标的增大呈从零增大。

图 4-29 给出了腐蚀阶段物质 X_{15} 的质量浓度 ρ_{15} 随时间和径向坐标变化的曲面图。

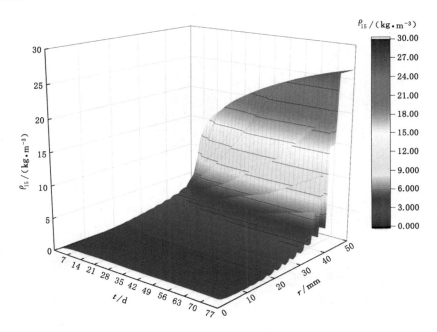

图 4-29　质量浓度 ρ_{15} 随时间和径向坐标变化的曲面图

由图 4-29 可以看出:① 试样轴线附近的质量浓度 ρ_{15} 不随时间变化,即 $\rho_{15}\equiv0$,试样外表面附近的质量浓度 ρ_{15} 随时间单调增大;② 试样轴线附近的质量浓度 ρ_{15} 小于试样外表面的质量浓度;③ 在腐蚀阶段的初期,质量浓度 $\rho_{15}\equiv0$,在 $t=77$ d 时,质量浓度 ρ_{15} 随径向坐标的增大呈从零增大。

（7）腐蚀阶段的反应速率

图 4-30 给出了反应速率 ξ_1 随时间和径向坐标变化的曲面图。

由图 4-30 可以看出,反应速率 ξ_1 沿径向均匀分布且随时间单调减小。

图 4-31 给出了反应速率 ξ_2 随时间和径向坐标变化的曲面图。

由图 4-31 可以看出,反应速率 ξ_2 沿径向均匀分布且随时间单调减小。

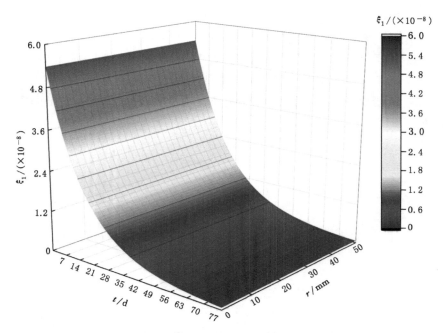

图 4-30 反应速率 ξ_1 随时间和径向坐标变化的曲面图

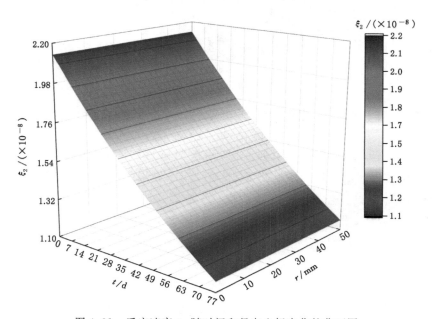

图 4-31 反应速率 ξ_2 随时间和径向坐标变化的曲面图

图 4-32 给出了反应速率 ξ_3 随时间和径向坐标变化的曲面图。

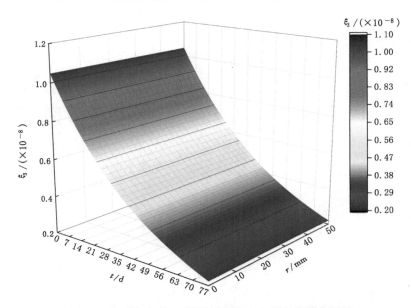

图 4-32 反应速率 ξ_3 随时间和径向坐标变化的曲面图

图 4-32 可以看出,反应速率 ξ_3 沿径向均匀分布且随时间单调减小。

图 4-33 给出了反应速率 ξ_4 随时间和径向坐标变化的曲面图。

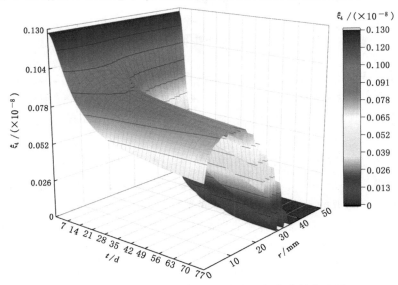

图 4-33 反应速率 ξ_4 随时间和径向坐标变化的曲面图

图 4-33 可以看出：① 反应速率 ξ_4 随时间和径向坐标变化的曲面呈漏斗形；② 反应速率 ξ_4 随时间单调减小；③ 试样轴线附近的反应速率 ξ_4 大于试样外表面的反应速率。

图 4-34 给出了反应速率 ξ_5 随时间和径向坐标变化的曲面图。

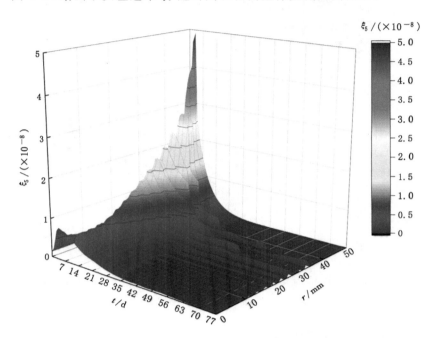

图 4-34　反应速率 ξ_5 随时间和径向坐标变化的曲面图

由图 4-34 可以看出：① 反应速率 ξ_5 随时间和径向坐标变化的曲面呈裙摆形；② 反应速率 ξ_5 随时间单调减小；③ 在腐蚀阶段的初期，试样轴线附近的反应速率 ξ_5 小于试样外表面的反应速率，随着时间的增加，反应速率 ξ_5 均趋于零。

图 4-35 给出了反应速率 ξ_6 随时间和径向坐标变化的曲面图。

由图 4-35 可以看出：① 试样轴线附近的反应速率 ξ_6 不随时间变化，即 $\xi_6 \equiv 0$，试样外表面附近的反应速率 ξ_6 随时间单调减小；② 试样轴线附近的反应速率 ξ_6 小于试样外表面的反应速率；③ 在腐蚀阶段的初期，反应速率 ξ_6 呈均匀分布，在 $t = 77$ d 时，反应速率 ξ_6 随径向坐标的增大呈从零增大。

图 4-36 给出了反应速率 ξ_7 随时间和径向坐标变化的曲面图。

图 4-36 可以看出：① 反应速率 ξ_7 随时间和径向坐标变化的曲面呈裙摆

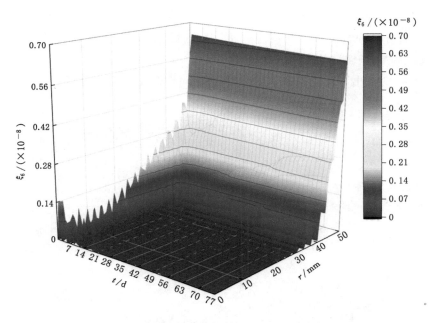

图 4-35 反应速率 ξ_6 随时间和径向坐标变化的曲面图

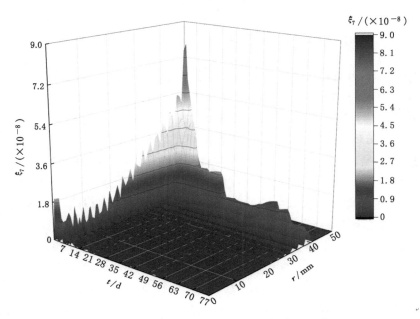

图 4-36 反应速率 ξ_7 随时间和径向坐标变化的曲面图

形；② 反应速率 ξ_7 随时间单调减小；③ 在腐蚀阶段的初期，试样轴线附近的反应速率 ξ_7 小于试样外表面的反应速率，随着时间的增加，试样轴线附近的反应速率 ξ_7 依然小于试样外表面的反应速率。

图 4-37 给出了反应速率 ξ_8 随时间和径向坐标变化的曲面图。

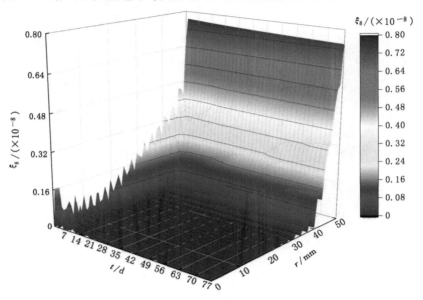

图 4-37　反应速率 ξ_8 随时间和径向坐标变化的曲面图

由图 4-37 可以看出：① 试样轴线附近的反应速率 ξ_8 不随时间变化，即 $\xi_8 \equiv 0$，试样外表面附近的反应速率 ξ_8 随时间单调减小；② 试样轴线附近的反应速率 ξ_8 小于试样外表面的反应速率；③ 在腐蚀阶段的初期，反应速率 ξ_8 呈均匀分布，在 $t = 77$ d 时，反应速率 ξ_8 随径向坐标的增大呈从零增大。

图 4-38 给出了反应速率 ξ_9 随时间和径向坐标变化的曲面图。

图 4-38 可以看出：① 反应速率 ξ_9 随时间呈减小趋势；② 在腐蚀阶段的初期，沿径向方向的反应速率 ξ_9 呈波浪形，随着时间的增加，试样轴线附近的反应速率 ξ_9 小于试样外表面的反应速率。

图 4-39 给出了反应速率 ξ_{10} 随时间和径向坐标变化的曲面图。

图 4-39 可以看出：① 反应速率 ξ_{10} 随时间和径向坐标变化的曲面呈裙摆形；② 反应速率 ξ_{10} 随时间呈减小趋势；③ 在腐蚀阶段的初期，试样轴线附近的反应速率 ξ_{10} 小于试样外表面的反应速率，随着时间的增加，试样轴线附近的反应速率 ξ_{10} 依然小于试样外表面的反应速率。

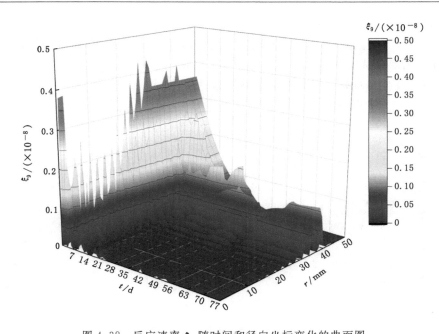

图 4-38   反应速率 ξ_9 随时间和径向坐标变化的曲面图

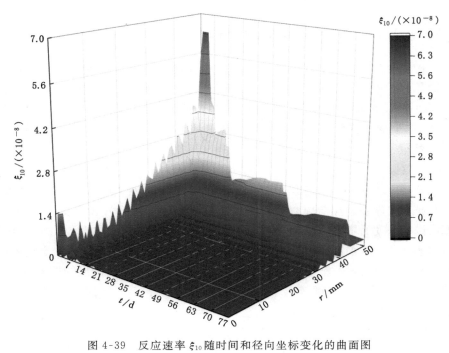

图 4-39   反应速率 ξ_{10} 随时间和径向坐标变化的曲面图

（8）腐蚀阶段的硫酸质量

图 4-40 给出了由腐蚀槽扩散到试样的硫酸质量 M_{12d}、反应消耗的硫酸质量 M_{12w} 和留在试样中的硫酸质量 M_{12} 随时间变化的曲线。其中，M_{12d} 和 M_{12w} 的数值刻度在主坐标轴，M_{12} 的数值刻度在次坐标轴。

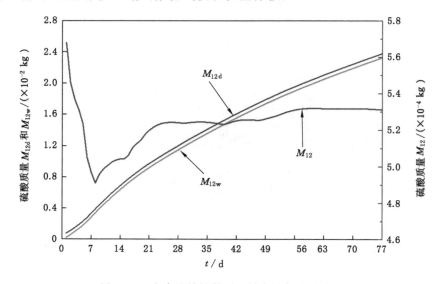

图 4-40　由腐蚀槽扩散到试样中的各硫酸质量

由图 4-40 可以看出：① M_{12d} 和 M_{12w} 随时间单调增大；② 当 $t \leqslant 8$ d 时 M_{12} 急剧减小，当 8 d$<t \leqslant 21$ d 时 M_{12} 急剧增大，当 $t>21$ d 时 M_{12} 变化缓慢；③ M_{12d} 与 M_{12w} 的差近似恒定，且在扩散和反应均稳定后 $M_{12d} \gg M_{12}$，$M_{12w} \gg M_{12}$。这表明腐蚀槽扩散到试样的硫酸质量大部分为反应消耗，留在试样中的硫酸质量很小。

（9）腐蚀阶段的扩散速度

图 4-41 为各圆柱上扩散速度 J_r 随时间的变化情况，由此可以看出在 $t=0$ d 时，扩散速度在试样与硫酸溶液接触面上最大，为 -1.03×10^{-7} kg/($m^2 \cdot s$)，随着沿试样深度的增大，扩散速度 J_r 逐渐减小。随着腐蚀时间的增大，接触面上的扩散速度逐渐减小，当时间 $t=77$ d 时，扩散速度为 -3.48×10^{-8} kg/($m^2 \cdot s$)，这是硫酸与水泥石发生反应生成膨胀性的石膏等物质，导致被酸腐蚀的部分孔隙率减小，从而导致扩散速度减小。未被硫酸侵蚀的部分，其扩散速度 J_r 保持为恒定值。

（10）腐蚀阶段的孔隙率、扩散系数和渗透率

通过式（4-34）可以知道，在已知水和硫酸的浓度变化率后，就可以求得各

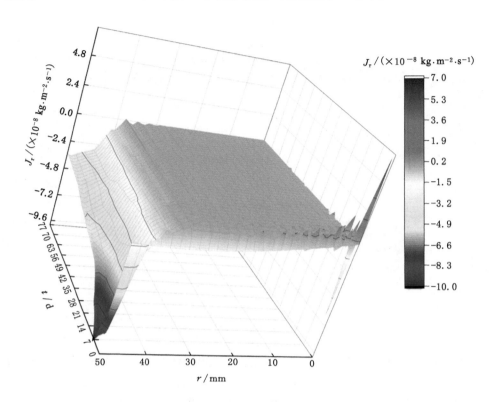

图 4-41　各圆柱上扩散速度 J_r 随时间的变化

圆柱面的孔隙率随时间变化情况,如图 4-42 所示。

由图 4-42 可以看出:

① 初始时刻,试样整体的孔隙率是一个恒定值,即 $\phi=0.159$。随着时间的增加,节点坐标在 [46,49] 范围内孔隙率呈先增大后减小的趋势,节点坐标在 [33,46] 范围内多条曲面呈先减小后增大的趋势,其余节点处的孔隙率整体均呈减小的趋势;

② 试样内孔隙率的最大值为 $\phi_{max}=0.164$,最小值为 $\phi_{min}=0.123$,在试样最外面(节点坐标为 50 mm 处)的位置,孔隙率随着时间的增大从刚开始的 $\phi=0.159$ 最终减小到了 $\phi=0.123$,减小了 22.64%,孔隙率的减小最明显,这是由于硫酸从最表层侵入,反应生成的石膏和其他硫酸盐具有膨胀性,使得该处的孔隙率减小幅度最大;

③ 在试样中心处($r=0$ mm)的位置,孔隙率随着时间的增大也呈减小的趋势,从初始时刻的 $\phi=0.159$ 减小到 $\phi=0.137$,减小了 13.84%,这是由于水化过

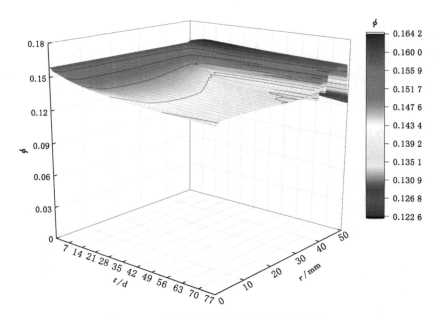

图 4-42　圆柱面上孔隙率 ϕ 随时间的变化

程的合缩效应使得原有的孔隙被水泥熟料、水化产物、水化硅酸钙等填充,孔隙率减小。从外层硫酸腐蚀区往里到水化区有一段区域出现了孔隙率随着时间的增大而增大的现象,这是由于表层的硫酸与水化产物反应,使得表层水化产物的浓度降低,相对于内部较低,形成浓度梯度,使得溶于水的物质在浓度梯度下发生迁移,造成在迁移处的孔隙率减小,而距离表层较远处未受影响,其孔隙率分布较均匀。

　　图 4-43 给出了圆柱面上扩散系数随时间变化的情况。由于扩散系数的变化规律与孔隙率的基本相同,这里就不再赘述。

　　图 4-44 给出了圆柱面上渗透率随时间的变化情况。

　　通过图 4-44 可以直观地看到各柱面上的渗透率随时间变化的情况,初始时刻,试样整体的渗透率是一个恒定值 $k = 2.513 \times 10^{-13}$ m^2;随着时间的增加,节点坐标在[46,49]范围内渗透率呈先增大后减小的趋势,节点坐标在[33,46]范围内多条曲面呈先减小后增大的趋势,其余节点处的渗透率整体均呈减小的趋势。试样内渗透率的最大值为 $k_{max} = 2.732 \times 10^{-13}$ m^2,最小值为 $k_{min} = 1.505 \times 10^{-13}$ m^2,在试样最外面(节点坐标为 50 mm 处)的位置,渗透率随着时间的增加从刚开始的 $k = 2.513 \times 10^{-13}$ m^2 最终减小到了 $k = 1.505 \times 10^{-13}$ m^2,减小了40.11%,渗透率的减小较为明显,这是由于硫酸从试

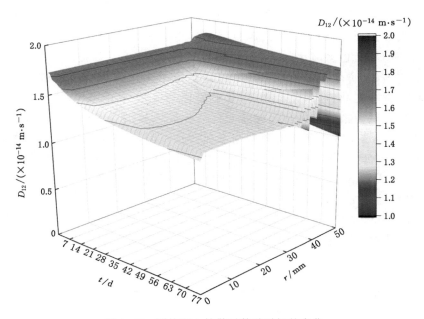

图 4-43 圆柱面上扩散系数随时间的变化

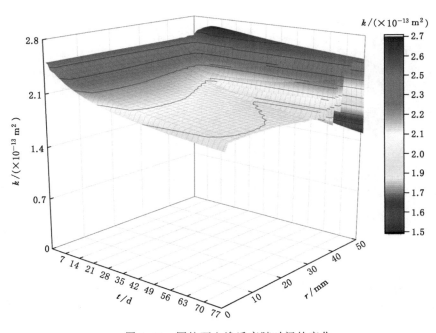

图 4-44 圆柱面上渗透率随时间的变化

样最表层侵入,反应生成的石膏和其他硫酸盐具有膨胀性,使得该处的孔隙率减小幅度最大,从而影响其渗透率。在试样中心处($r=0$ mm)的位置,渗透率随着时间的增大也呈减小的趋势,从初始时刻的 $k=2.513\times10^{-13}$ m^2 减小到 $k=1.872\times10^{-13}$ m^2,减小了 25.51%,这是由于水化过程的合缩效应使得原有的孔隙被水泥熟料、水化产物、水化硅酸钙等填充,孔隙率减小,从而渗透率减小。从外层硫酸腐蚀区往里到水化区有一段区域出现了随着时间的增大而增大的现象,这是由于表层的硫酸与水化产物反应,使得表层的水化产物的浓度降低,相对于内部较低,形成浓度梯度,使得溶于水的物质在浓度梯度下发生迁移,造成了溶于水的物质在迁移处的渗透率减小,而距离表层较远处未受影响,其渗透率分布比较均匀。

由图 4-44 可知,试样的渗透率在空间和时间分布上都是不均匀的,而第 3 章渗透性试验测得的是试样的平均渗透率,为了与试验数据相吻合,因此需要知道试样的平均渗透率,如图 4-45 所示。

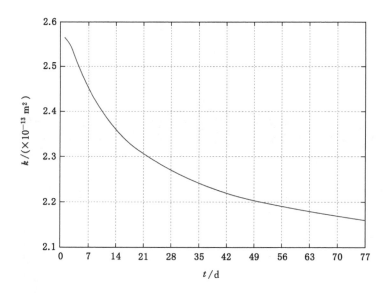

图 4-45 平均渗透率随时间的变化

由图 4-45 可以看出,试样的平均渗透率在初始时刻为 2.565×10^{-13} m^2,经过 77 d 的腐蚀减小为 2.159×10^{-13} m^2,减小了 15.83%。试样的平均渗透率在腐蚀时间 0~28 d 内减速较大,在 28~77 d 区间内减速较小,呈逐渐减小并有趋近于某一定值的趋势。

4.9 本章小结

本章给出了混凝土试样中水化反应和腐蚀反应的计量方程并对计量方程进行规则化表述。通过引入反应物恰当质量分数和反应物贫富系数,给出了计算反应级数和反应速率的表达式。分析水化反应、腐蚀反应和硫酸扩散中物质浓度的变化规律,建立了大孔隙混凝土试样中反应动力学模型。构造出一种混凝土反应动力学响应计算方法并给出了算例,本章的主要工作如下:

(1)在养护阶段,混凝土试样水泥熟料与水发生反应,反应物与生成物总数为 11,质量守恒方程为一组常微分方程(11 个)。在腐蚀阶段,混凝土试样中水化产物与硫酸发生反应,同时水化反应仍在继续,质量守恒方程为一个偏微分方程和一组常微分方程(14 个)。

(2)根据质量浓度与质量密度的关系,建立了计算合缩系数的表达式,在此基础上导出了孔隙率和渗透率的演化方程。

(3)应用连续介质力学和化学反应动力学理论,建立了一种能够综合考虑大孔隙混凝土水泥水化、硫酸扩散、腐蚀作用及反应级数时变的动力学模型。

(4)借助于 Bessel 柱函数的性质,给出了腐蚀阶段初始时刻硫酸液浓度分布的数学表达式。利用 Gauss 散度公式,构造出硫酸液浓度变化率的计算格式。在此基础上设计出反应动力学模型的响应计算方法,示例结果表明此计算方法可有效克服试样轴线上硫酸液浓度的奇异性、收敛性和稳定性,达到预期效果。

5 硫酸腐蚀下大孔隙混凝土渗透率模型参量反演

在硫酸扩散过程中水化反应和腐蚀反应的动力学模型中,控制参量包括反应速率常数、扩散系数的参考值与幂指数。反应动力学模型参量决定混凝土试样中的组分浓度和反应速率,根据孔隙率和渗透率的演化方程可知组分浓度决定孔隙率和渗透率,故反应动力学模型参量决定孔隙率和渗透率。为了分析硫酸液的 pH 值、骨料级配 Talbot 指数和水泥含量对孔隙率和渗透率的影响规律,需要首先确定渗透率演化模型的控制参量。本章通过 X 射线衍射强度确定石膏的质量浓度,利用质量浓度反演模型的控制参量。

5.1 浓度的测定原理与方案

化学反应动力学研究化学反应过程的内因(反应物的结构特征,如孔隙率、渗透率)和外因(如催化剂)对化学反应速率和反应方向的影响,从而揭示化学反应的宏观和微观机理。Arrhenius(阿伦尼乌斯)最早提出预测反应速率的理论方法,他认为反应速率是由反应速率常数和反应物的浓度决定的,根据质量浓度的变化(历程),可以求得反应速率常数。

对于基元反应,反应物与生成物的质量浓度变化率成比例,只有一种物质的质量浓度是独立的。因此,可以利用 Arrhenius 提出的方法,方便地求出反应速率常数。但是,对于链式反应,一种物质是某个反应的生成物,又是另一个反应的反应物。因此,一种物质的质量浓度常常与多个反应速率有关,不能直接求出全部反应速率常数(只能求出少数几个反应速度常数)。因此,通常利用优化方法对反应速率常数进行估计。常用的优化方法包括模拟退火算法、遗传算法、蚁群算法以及粒子群算法等,这些算法的基础是构造适应度。本章以石膏质量浓度的测量值与计算值构造适应度。为此,我们简单介绍一种石膏质量浓度的 X 射线衍射测量方法。

X 射线衍射技术自 1928 年首次运用到水泥组分分析以来,经过多年的发展已成为混凝土材料领域最重要的检测手段之一。该方法将试验结果与数据库中的标准衍射谱对比,确定材料的物相,然后,利用各相衍射线强度计算出该物相的含量。

　　本书使用日本理学株式会社生产的 X 射线衍射仪（Ultima Ⅳ 系列）对混凝土试样的表层组分进行测试，如图 5-1 所示。测试方案选取的 3 个影响因素（腐蚀槽硫酸溶液 pH 值、骨料级配 Talbot 指数和水泥含量）均取 4 个水平。试验方案如表 5-1 所列。

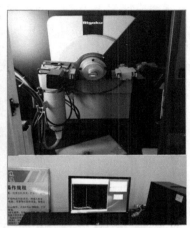

图 5-1　Ultima Ⅳ 系列组合式多功能 X 射线衍射仪

表 5-1　石膏质量分数测试试验方案

序号	硫酸液 pH 值	n	M_c/g
1	2		
2	3	0.4	580
3	4		
4	5		
5		0.2	
6	2	0.4	580
7		0.6	
8		0.8	
9			540
10	2	0.4	560
11			580
12			600

需要说明的是,由于测量某时刻石膏的质量浓度后,试样不再放回腐蚀槽,故测量下一时刻的石膏质量浓度需要另一块试样。因此,试样总数量为(4＋4＋4－2)×6＝60。

混凝土试样表层组分测定的试验步骤如下:

(1) 样品制备。用小刀从烘干的混凝土试样表层轻轻刮下碎屑,利用玛瑙研钵将碎屑研磨成粒度小于 44 μm 的粉末。取大约 1 g 粉末作为待测样品,用药勺取适量粉末放到样品架的凹槽中间,使松散样品粉末略高于样品架平面,并用玻璃片压平样品。

(2) 样品测试。将待测样品放置在 X 射线衍射仪样品台中,先后打开循环水开关、衍射仪总电源和 X 光管电源,将管电压和管电流调至预设值,根据需要保存数据。

(3) 数据分析。通过 MDI Jade 6.0 软件读取上一步测试数据,得到粉末的衍射图谱,在衍射图谱中定出各衍射线条对应的面间距和相对强度,然后查索引并对照卡片,利用石膏的衍射线强度计算石膏的质量分数,进而计算出石膏的质量浓度。

5.2　石膏质量浓度的测试结果与分析

本节根据表 5-1 设计的试验方案,利用 X 射线衍射仪完成了 60 份试样在 $T_k (k=1,2,\cdots,6)$ 时刻石膏的质量浓度,分析硫酸液的 pH 值、骨料级配 Talbot 指数和水泥含量三因素对石膏质量浓度的影响规律。

5.2.1　硫酸液浓度对石膏质量浓度的影响

在反应动力学模型中,自由变量 t 只有一个零点(原点):开始养护的时刻为 $t=0$,开始腐蚀的时刻为 $t=T_m$。为了便于绘图与分析,我们给出字符串数组 $T_k (k=1,2,\cdots,6)$ 对应的时间 $t_k (k=1,2,\cdots,6)$,如表 5-2 所列。

表 5-2　字符串对应的时间表

T	养护 0 d	养护 28 d	腐蚀 7 d	腐蚀 21 d	腐蚀 35 d	腐蚀 49 d
t/d	0	28	35	49	63	77

图 5-2 给出了骨料级配 Talbot 指数为 0.4,水泥含量为 580 g,硫酸液 pH 值分别为 2、3、4、5,腐蚀时间分别为 7 d、21 d、35 d 和 49 d 的试样 X 射线衍射强度。

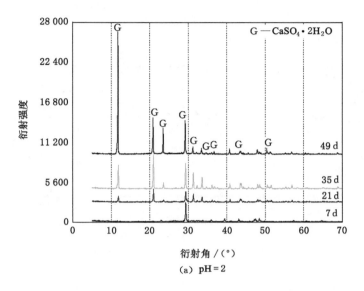

(a) pH=2

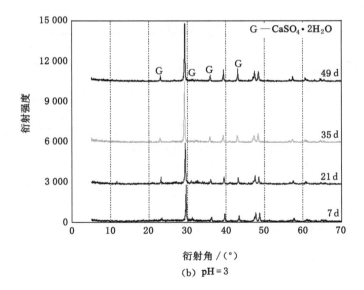

(b) pH=3

图 5-2　不同硫酸液浓度下试样的 XRD 衍射图谱

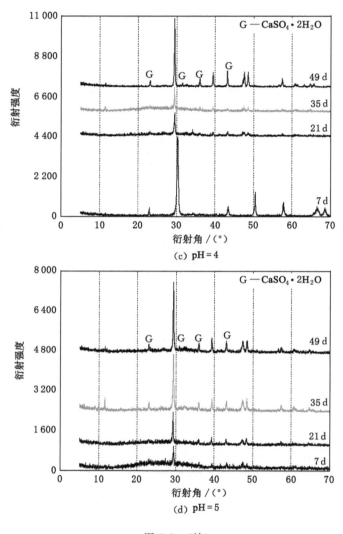

图 5-2 （续）

由图 5-2 可以看出：

（1）当硫酸液 pH 值为 2 时,石膏的衍射强度具有 9 个峰值,对应的衍射角分别为 11.59°、20.72°、23.40°、29.11°、31.39°、33.39°、36.04°、43.37°和 50.72°。

（2）当硫酸液 pH 值分别为 3、4 和 5 时,石膏的衍射强度只有 4 个峰值,对应的衍射角分别为 23.40°、31.39°、36.04°和 43.37°。

（3）在硫酸液浓度保持不变时,石膏的衍射峰相对强度随着腐蚀时间的增加而显著增大。这说明反应生成的石膏质量浓度随时间显著增大。

利用 MDI Jade 6.0 软件计算出不同硫酸液浓度腐蚀下的试样在不同时间的石膏质量浓度,如表 5-3 所列。

表 5-3　不同硫酸液浓度腐蚀下试样中石膏的质量浓度　　　单位:kg/m³

硫酸液 pH 值	时间 t					
	0 d	28 d	35 d	49 d	63 d	77 d
2	0.11	0.01	14.34	59.43	95.70	106.54
3	0.11	0.01	3.19	18.51	34.92	42.09
4	0.11	0.01	0.82	8.77	15.52	19.73
5	0.11	0.01	1.15	1.95	3.88	5.26

根据表 5-3,可以绘制出石膏的质量浓度随腐蚀时间的变化曲线,如图 5-3 所示。

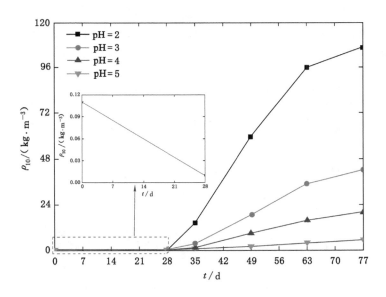

图 5-3　不同硫酸液浓度下石膏的质量浓度随腐蚀时间的变化曲线

由表 5-3 和图 5-3 可以看出:

（1）在水化反应阶段,试样中石膏的质量浓度从 0.11 kg/m³ 减小到 0.01 kg/m³。这是因为在水化反应过程中,石膏参与了式（4-5）表达的反应,在此反应中石膏为反应物。根据式(4-25)和式(4-13),$\frac{\partial \rho_{10}}{\partial t} = -3\mu_{10}\xi_5$ $= -3\mu_{10}\varsigma_5\rho_8^{\lambda_{08}^{05}}\rho_2^{\lambda_{02}^{05}}\rho_{10}^{\lambda_{10}^{05}}$,石膏的质量浓度变化率小于零。因此,石膏质量逐渐减小。

(2)在腐蚀反应阶段,试样中石膏的质量浓度随着腐蚀时间的增加而增大。这是因为,在腐蚀反应阶段石膏参与了6个反应,质量浓度变化率为:

$$\frac{\partial \rho_{10}}{\partial t} = -3\mu_{10}\xi_5 + \mu_{10}\xi_6 + 6\mu_{10}\xi_7 + 3\mu_{10}\xi_8 + 4\mu_{10}\xi_9 + 6\mu_{10}\xi_{10} \quad (5-1)$$

石膏在第5个反应中为反应物,而在其余5个反应中均为生成物。这6个反应的共同结果是石膏质量浓度的变化率大于零。因此,随着腐蚀时间的增加,石膏质量浓度逐渐增大。

(3)在相同的腐蚀时间,石膏质量浓度随硫酸液浓度的增大而增大。这是因为,反应速率 $\xi_6 \sim \xi_{10}$ 随着硫酸液浓度的增大而增大。

5.2.2 骨料级配 Talbot 指数对石膏浓度的影响

图 5-4 给出了水泥含量为 580 g,硫酸液 pH 值为 2,骨料级配 Talbot 指数分别为 0.2、0.4、0.6、0.8,腐蚀时间分别为 7 d、21 d、35 d 和 49 d 的试样 X 射线衍射强度。

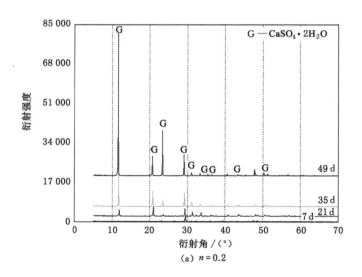

图 5-4 不同骨料级配 Talbot 指数下试样的 XRD 衍射图谱

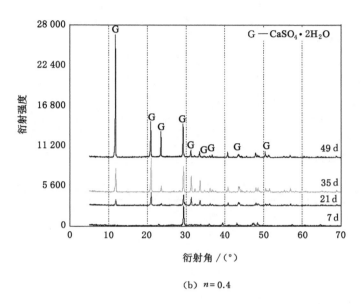

（b）$n = 0.4$

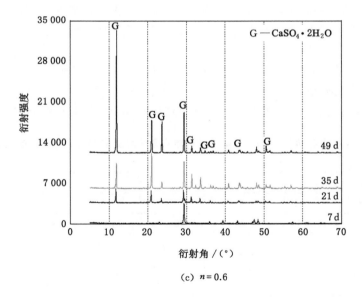

（c）$n = 0.6$

图 5-4　（续）

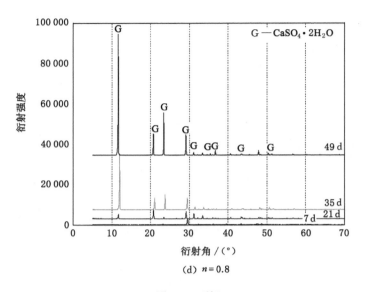

(d) $n = 0.8$

图 5-4 （续）

由图 5-4 可以看出：

（1）石膏衍射强度峰值个数不随骨料级配 Talbot 指数变化，且 9 个峰值对应的衍射角基本相同，分别为 11.59°、20.72°、23.40°、29.11°、31.39°、33.39°、36.04°、43.37°和 50.72°。

（2）在相同的骨料级配 Talbot 指数下，石膏的衍射峰相对强度随着腐蚀时间的增加而显著增大。

不同骨料级配 Talbot 指数下试样在不同时间的石膏质量浓度如表 5-4 所列。

表 5-4　不同骨料级配 Talbot 指数下试样中石膏的质量浓度随腐蚀时间的变化规律

单位：kg/m^3

骨料级配 Talbot 指数 n	时间 t					
	0 d	28 d	35 d	49 d	63 d	77 d
0.2	0.11	0.01	12.50	84.69	102.74	112.46
0.4	0.11	0.01	11.84	80.23	97.33	106.54
0.6	0.11	0.01	12.10	82.02	99.49	108.91
0.8	0.11	0.01	13.15	89.15	108.15	118.38

根据表 5-4 可以绘制出不同骨料级配 Talbot 指数下试样中石膏的质量浓度随腐蚀时间的变化曲线，如图 5-5 所示。

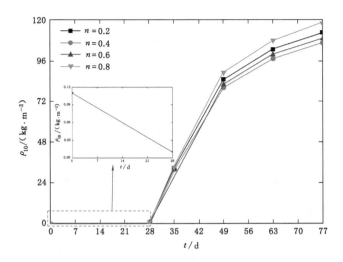

图 5-5　不同骨料级配 Talbot 指数下试样中石膏的质量浓度随腐蚀时间的变化曲线

由表 5-4 及图 5-5 可以看出：

（1）在水化反应阶段,试样中石膏的质量浓度从 0.11 kg/m³ 减小到 0.01 kg/m³。

（2）在腐蚀反应阶段,试样中石膏的质量浓度随着腐蚀时间的增加而增大。

（3）在腐蚀时间小于或等于 7 d 时,石膏的质量浓度随骨料级配 Talbot 指数变化不明显;在腐蚀时间大于或等于 21 d 时,骨料级配 Talbot 指数对石膏的质量浓度具有显著影响。

（4）在相同的腐蚀时间下,骨料级配 Talbot 指数为 0.8 的试样中石膏的质量浓度最大。这是因为在骨料级配 Talbot 指数为 0.8 的试样中,大粒径颗粒数量多,相互连通的孔隙直径大,骨料颗粒表面对腐蚀反应的热扩散影响最小,反应速率 $\xi_6 \sim \xi_{10}$ 大于其他级配。

（5）在相同的腐蚀时间下,骨料级配 Talbot 指数为 0.4 的试样石膏质量浓度最小。这是因为粒径为 18～20 mm 骨料之间的空隙被粒径为 15～17 mm 的骨料填充,而粒径为 15～17 mm 骨料之间的空隙又被粒径为 12～14 mm 的骨料填充,以此类推。所以在骨料级配 Talbot 指数为 0.4 的试样中,骨料的孔隙率最为均匀,腐蚀反应的热扩散最为不畅,反应速率 $\xi_6 \sim \xi_{10}$ 小于其他级配。

5.2.3　水泥含量对石膏质量浓度的影响

图 5-6 给出了骨料级配 Talbot 指数为 0.4,硫酸液 pH 值为 2,水泥含量分别为 540 g、560 g、580 g、600 g,腐蚀时间分别为 7 d、21 d、35 d 和 49 d 的试样 X 射线衍射强度。

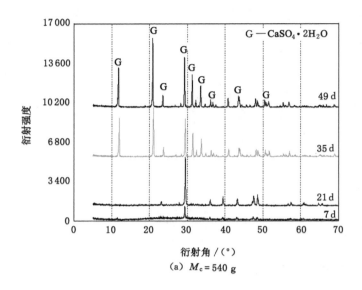

(a) $M_c = 540$ g

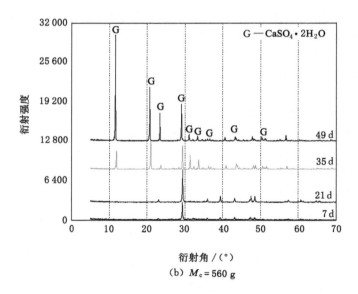

(b) $M_c = 560$ g

图 5-6　不同水泥含量下试样的 XRD 衍射图谱

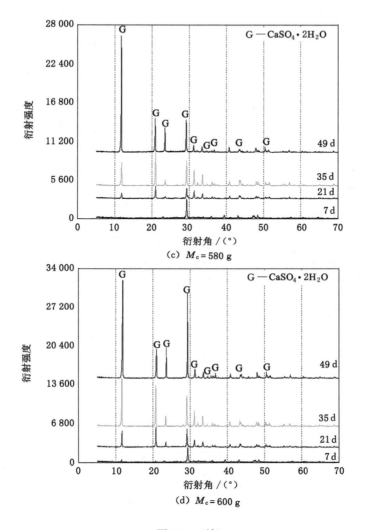

图 5-6　(续)

由图 5-6 可以看出:

(1) 石膏衍射强度峰值个数不随水泥含量变化,且 9 个峰值对应衍射角基本相同,分别为 11.59°、20.72°、23.40°、29.11°、31.39°、33.39°、36.04°、43.37° 和 50.72°。

(2) 在相同的水泥含量下,石膏的衍射峰相对强度随着腐蚀时间的增加而显著增大。

不同水泥含量下试样在不同时间的石膏质量浓度如表 5-5 所列。

表 5-5　不同水泥含量下试样中石膏的质量浓度随腐蚀时间的变化规律

单位:kg/m³

M_c/g	时间 t					
	0 d	28 d	35 d	49 d	63 d	77 d
540	0.10	0.01	24.04	57.40	83.24	99.19
560	0.11	0.01	25.59	59.41	87.47	102.87
580	0.11	0.01	26.34	61.43	89.70	106.54
600	0.11	0.01	26.99	62.44	90.93	110.21

根据表 5-5 可以绘制出不同水泥含量下试样中石膏的质量浓度随腐蚀时间的变化曲线,如图 5-7 所示。

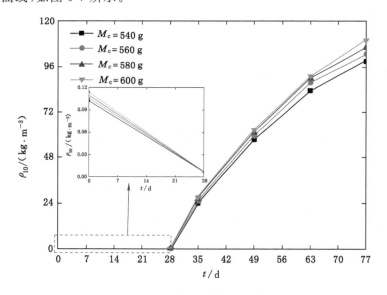

图 5-7　不同水泥含量下试样中石膏的质量浓度随腐蚀时间的变化曲线

由表 5-5 及图 5-7 可以看出:

(1) 在水化反应阶段,试样中石膏的质量浓度随着水泥含量的增大而增大,当养护 28 d 时,4 种水泥含量的试样中石膏的质量浓度都减小到 0.01 kg/m³。

(2) 在腐蚀反应阶段,试样中石膏的质量浓度随着腐蚀时间的增加而增大。

(3) 在腐蚀时间小于或等于 7 d 时,石膏的质量浓度随水泥含量变化不明显;在腐蚀时间大于或等于 21 d 时,水泥含量对石膏浓度具有显著影响。

（4）在相同的腐蚀时间下，水泥含量为 600 g 的试样中石膏的质量浓度最大。这是因为在水泥含量为 600 g 的试样中，水泥各组分的浓度最大，从而使得反应速率 $\xi_6 \sim \xi_{10}$ 大于其他水泥含量。

（5）在相同的腐蚀时间下，随着水泥含量的增大，石膏质量浓度呈线性减小。

5.2.4　反应过程中石膏质量浓度的变化规律

上面分别讨论了硫酸液 pH 值、骨料级配 Talbot 指数和水泥含量 3 个因素对石膏质量浓度的影响，综合 5.2.1、5.2.2 和 5.2.3 小节的试验结果，得出如下结论：

（1）石膏的衍射强度峰值个数及其对应的衍射角不随骨料级配 Talbot 指数和水泥含量变化，但随硫酸液浓度变化。当硫酸液 pH 值为 2 时，在整个腐蚀阶段石膏的衍射强度具有 9 个峰值，对应的衍射角分别为 $11.59°$、$20.72°$、$23.40°$、$29.11°$、$31.39°$、$33.39°$、$36.04°$、$43.37°$ 和 $50.72°$。当硫酸液 pH 值为 3、4 和 5 时，石膏的衍射强度只有 4 个峰值，对应的衍射角分别为 $23.40°$、$31.39°$、$36.04°$ 和 $43.37°$。

（2）对于任意的硫酸液浓度、骨料级配 Talbot 指数和水泥含量，在反应过程中石膏的质量浓度随腐蚀时间的变化趋势相同。在养护阶段，石膏为反应物，质量浓度随腐蚀时间的增加而减小，且在 28 d 内质量浓度大约减少了 91%。在腐蚀阶段，石膏既是反应物又是生成物。石膏参与的 6 个反应的共同效应是石膏质量浓度变化率大于零，随着腐蚀时间的增加，石膏质量浓度逐渐增大。

（3）在腐蚀时间小于或等于 7 d 时，石膏质量浓度不随硫酸液 pH 值、骨料级配 Talbot 指数和水泥含量发生显著变化。

（4）在腐蚀时间大于或等于 21 d 时，在相同的骨料级配 Talbot 指数和相同的水泥含量下，石膏的质量浓度随着硫酸液 pH 值的增大而减小，即随着硫酸质量浓度的增大而增大；在腐蚀时间大于或等于 21 d 时，在相同的硫酸液 pH 值和相同的骨料级配 Talbot 指数下，石膏质量浓度随着水泥含量的增大而增大；在腐蚀时间大于或等于 21 d 时，在相同的硫酸液浓度和相同的水泥含量下，骨料级配 Talbot 指数为 0.8 的试样中石膏的质量浓度最大，骨料级配 Talbot 指数为 0.4 的试样中石膏的质量浓度最小。

5.3　模型参量的反演方法

在第 4 章建立的反应动力学模型中，控制参量共有 12 个，即反应速率常数

$\varsigma_1,\cdots,\varsigma_{10}$、扩散系数的参考值 D_{12r} 和幂指数 p_{12}。在这些参量中，前 3 个反应速率常数 ς_1、ς_2、ς_3 可以通过质量浓度计算出来，其余 9 个参量需要通过优化得到。本节首先介绍反应速率常数 ς_1、ς_2、ς_3 的计算方法，然后介绍其余 9 个参量的优化算法。

5.3.1 原理与方法

由式（4-13）和式（4-26）可知，如果反应级数恒定，则可利用反应方程的 Jordan（若尔当）标准型求解反应速率常数。然而，4.8 节的算例表明，在养护阶段和腐蚀阶段，反应级数发生多次跳跃。因此，利用反应方程的 Jordan 标准型解出动力学模型中全部参量是不可行的，但可以求出部分参量。下面我们举例说明反应速率常数 ς_1、ς_2、ς_3 的计算方法。

设第 1 个反应的反应级数分别为 $\lambda_{01}^{01}=1,\lambda_{02}^{01}=0$；第 2 个反应的反应级数分别为 $\lambda_{05}^{02}=1,\lambda_{02}^{02}=0$；第 3 个反应的反应级数分别为 $\lambda_{06}^{03}=1,\lambda_{02}^{03}=0,\lambda_{04}^{03}=0$；第 4 个反应的反应级数分别为 $\lambda_{08}^{04}=1,\lambda_{02}^{04}=0,\lambda_{04}^{04}=0$；第 5 个反应的反应级数分别为 $\lambda_{08}^{05}=0,\lambda_{02}^{05}=0,\lambda_{10}^{05}=1$；第 6 个反应的反应级数分别为 $\lambda_{04}^{06}=0,\lambda_{12}^{06}=1$；第 7 个反应的反应级数分别为 $\lambda_{11}^{07}=0,\lambda_{12}^{07}=1$；第 8 个反应的反应级数分别为 $\lambda_{03}^{08}=0,\lambda_{12}^{08}=1,\lambda_{02}^{08}=0$；第 9 个反应的反应级数分别为 $\lambda_{09}^{09}=0,\lambda_{12}^{09}=1$；第 10 个反应的反应级数分别为 $\lambda_{07}^{10}=0,\lambda_{12}^{10}=1$。因此，反应速率表达式（4-13）可以写成：

$$
\begin{cases}
\xi_1 = \varsigma_1 \rho_1 \\
\xi_2 = \varsigma_2 \rho_5 \\
\xi_3 = \varsigma_3 \rho_6 \\
\xi_4 = \varsigma_4 \rho_8 \\
\xi_5 = \varsigma_5 \rho_{10} \\
\xi_6 = \varsigma_6 \rho_{12} \\
\xi_7 = \varsigma_7 \rho_{12} \\
\xi_8 = \varsigma_8 \rho_{12} \\
\xi_9 = \varsigma_9 \rho_{12} \\
\xi_{10} = \varsigma_{10} \rho_{12}
\end{cases}
\tag{5-2}
$$

将式（5-2）代入式（4-26），得到：

$$
\begin{cases}
\dfrac{\partial \rho_1}{\partial t} = -2\mu_1 \varsigma_1 \rho_1 \\[2mm]
\dfrac{\partial \rho_2}{\partial t} = -6\mu_2 \varsigma_1 \rho_1 - 4\mu_2 \varsigma_2 \rho_5 - 10\mu_2 \varsigma_3 \rho_6 - 12\mu_2 \varsigma_4 \rho_8 - 26\mu_2 \varsigma_5 \rho_{10} + \\
\quad 26\mu_2 \varsigma_7 \rho_{12} - 2\mu_2 \varsigma_8 \rho_{12} + 12\mu_2 \varsigma_9 \rho_{12} + 12\mu_2 \varsigma_{10} \rho_{12}
\end{cases}
\tag{5-3a}
$$

$$
\begin{cases}
\dfrac{\partial \rho_3}{\partial t} = \mu_3\,\varsigma_1\rho_1 + \mu_3\,\varsigma_2\rho_5 - \mu_3\,\varsigma_8\rho_{12} \\[2mm]
\dfrac{\partial \rho_4}{\partial t} = 3\mu_4\,\varsigma_1\rho_1 + \mu_4\,\varsigma_2\rho_5 - 2\mu_4\,\varsigma_3\rho_6 - \mu_4\,\varsigma_4\rho_8 - \mu_4\,\varsigma_6\rho_{12} \\[2mm]
\dfrac{\partial \rho_5}{\partial t} = -2\mu_5\,\varsigma_2\rho_5 \\[2mm]
\dfrac{\partial \rho_6}{\partial t} = -\mu_6\,\varsigma_3\rho_6 \\[2mm]
\dfrac{\partial \rho_7}{\partial t} = \mu_7\,\varsigma_3\rho_6 - \mu_7\,\varsigma_{10}\rho_{12} \\[2mm]
\dfrac{\partial \rho_8}{\partial t} = -\mu_8\,\varsigma_4\rho_8 - 3\mu_8\,\varsigma_5\rho_{10} \\[2mm]
\dfrac{\partial \rho_9}{\partial t} = \mu_9\,\varsigma_4\rho_8 - \mu_9\,\varsigma_9\rho_{12} \\[2mm]
\dfrac{\partial \rho_{10}}{\partial t} = -3\mu_{10}\,\varsigma_5\rho_{10} + \mu_{10}\,\varsigma_6\rho_{12} + 6\mu_{10}\,\varsigma_7\rho_{12} + 3\mu_{10}\,\varsigma_8\rho_{12} + \\[1mm]
\qquad\qquad 4\mu_{10}\,\varsigma_9\rho_{12} + 6\mu_{10}\,\varsigma_{10}\rho_{12} \\[2mm]
\dfrac{\partial \rho_{11}}{\partial t} = \mu_{11}\,\varsigma_5\rho_{10} - \mu_{11}\,\varsigma_7\rho_{12} \\[2mm]
\dfrac{\partial \rho_{12}}{\partial t} = -\dfrac{\partial J_{12}}{\partial r} - \mu_{12}\,\varsigma_6\rho_{12} - 6\mu_{12}\,\varsigma_7\rho_{12} - 3\mu_{12}\,\varsigma_8\rho_{12} - \\[1mm]
\qquad\qquad 7\mu_{12}\,\varsigma_9\rho_{12} - 12\mu_{12}\,\varsigma_{10}\rho_{12} \\[2mm]
\dfrac{\partial \rho_{13}}{\partial t} = 2\mu_{13}\,\varsigma_8\rho_{12} \\[2mm]
\dfrac{\partial \rho_{14}}{\partial t} = \mu_{14}\,\varsigma_9\rho_{12} + \mu_{14}\,\varsigma_{10}\rho_{12} \\[2mm]
\dfrac{\partial \rho_{15}}{\partial t} = \mu_{15}\,\varsigma_{10}\rho_{12}
\end{cases}
\tag{5-3b}
$$

由于试样表层的硫酸液浓度近似于腐蚀槽中硫酸液浓度,故可忽略扩散引起的质量浓度的变化,则式(5-3)可简化为常系数线性常微分方程,即

$$
\begin{cases}
\dfrac{\partial \rho_1}{\partial t} = -2\mu_1\,\varsigma_1\rho_1 \\[2mm]
\dfrac{\partial \rho_2}{\partial t} = -6\mu_2\,\varsigma_1\rho_1 - 4\mu_2\,\varsigma_2\rho_5 - 10\mu_2\,\varsigma_3\rho_6 - 12\mu_2\,\varsigma_4\rho_8 - 26\mu_2\,\varsigma_5\rho_{10} + \\[1mm]
\qquad (26\mu_7\,\varsigma_7 - 2\mu_2\,\varsigma_8 + 12\mu_2\,\varsigma_9 + 12\mu_2\,\varsigma_{10})\rho_{12}
\end{cases}
\tag{5-4a}
$$

$$\begin{cases} \dfrac{\partial \rho_3}{\partial t} = \mu_3 \varsigma_1 \rho_1 + \mu_3 \varsigma_2 \rho_5 - \mu_3 \varsigma_8 \rho_{12} \\[2mm] \dfrac{\partial \rho_4}{\partial t} = 3\mu_4 \varsigma_1 \rho_1 + \mu_4 \varsigma_2 \rho_5 - 2\mu_4 \varsigma_3 \rho_6 - \mu_4 \varsigma_4 \rho_8 - \mu_4 \varsigma_6 \rho_{12} \\[2mm] \dfrac{\partial \rho_5}{\partial t} = -2\mu_5 \varsigma_2 \rho_5 \\[2mm] \dfrac{\partial \rho_6}{\partial t} = -\mu_6 \varsigma_3 \rho_6 \\[2mm] \dfrac{\partial \rho_7}{\partial t} = \mu_7 \varsigma_3 \rho_6 - \mu_7 \varsigma_{10} \rho_{12} \\[2mm] \dfrac{\partial \rho_8}{\partial t} = -\mu_8 \varsigma_4 \rho_8 - 3\mu_8 \varsigma_5 \rho_{10} \\[2mm] \dfrac{\partial \rho_9}{\partial t} = \mu_9 \varsigma_4 \rho_8 - \mu_9 \varsigma_9 \rho_{12} \\[2mm] \dfrac{\partial \rho_{10}}{\partial t} = -3\mu_{10} \varsigma_5 \rho_{10} + (\mu_{10} \varsigma_6 + 6\mu_{10} \varsigma_7 + 3\mu_{10} \varsigma_8 + 4\mu_{10} \varsigma_9 + 6\mu_{10} \varsigma_{10}) \rho_{12} \\[2mm] \dfrac{\partial \rho_{11}}{\partial t} = \mu_{11} \varsigma_5 \rho_{10} - \mu_{11} \varsigma_7 \rho_{12} \\[2mm] \dfrac{\partial \rho_{12}}{\partial t} = -\dfrac{\partial J_{12}}{\partial r} - (\mu_{12} \varsigma_6 + 6\mu_{12} \varsigma_7 + 3\mu_{12} \varsigma_8 + 7\mu_{12} \varsigma_9 + 12\mu_{12} \varsigma_{10}) \rho_{12} \\[2mm] \dfrac{\partial \rho_{13}}{\partial t} = 2\mu_{13} \varsigma_8 \rho_{12} \\[2mm] \dfrac{\partial \rho_{14}}{\partial t} = (\mu_{14} \varsigma_9 + \mu_{14} \varsigma_{10}) \rho_{12} \\[2mm] \dfrac{\partial \rho_{15}}{\partial t} = \mu_{15} \varsigma_{10} \rho_{12} \end{cases}$$

$$(5\text{-}4\mathrm{b})$$

式(5-4a)中的第 1 个方程可以改写为：

$$\frac{1}{\rho_1} \frac{\mathrm{d}\rho_1}{\mathrm{d}t} = -2\mu_1 \varsigma_1 \qquad\qquad (5\text{-}5)$$

求解该方程,得到：

$$\varsigma_1 = -\frac{1}{2\mu_1 T} \ln \frac{\rho_1^T}{\rho_1^0} \qquad\qquad (5\text{-}6)$$

式(5-4b)中的第 3 个方程可以改写为：

$$\frac{1}{\rho_5}\frac{d\rho_5}{dt} = -2\mu_5\varsigma_2 \tag{5-7}$$

求解该方程,得到:

$$\varsigma_2 = -\frac{1}{2\mu_5 T}\ln\frac{\rho_5^T}{\rho_5^0} \tag{5-8}$$

式(5-4b)中的第 4 个方程可以改写为:

$$\frac{1}{\rho_6}\frac{d\rho_6}{dt} = -\mu_6\varsigma_3 \tag{5-9}$$

求解该方程,得到:

$$\varsigma_3 = -\frac{1}{2\mu_6 T}\ln\frac{\rho_6^T}{\rho_6^0} \tag{5-10}$$

由于我们事先并不知道反应级数何时跳跃,故利用 Jordan 标准型求解反应速率常数的方法不可行。为此,利用 Monte-Carle 法对反应速率常数$\varsigma_i(i=4,5,\cdots,10)$、扩散系数的参考值$D_{12r}$和幂指数$p_{12}$进行优化,具体优化过程如下。

第一步,定义决策参量(控制参量)。

为了便于编程,决策变量用 9 维向量$\underline{y}$表示,即:

$$\underline{y} = \{y_1, y_2, \cdots, y_9\}^T \tag{5-11}$$

决策变量与动力学模型参量的对应关系为

$$\begin{cases} y_i = \varsigma_{i+3} \\ y_8 = D_{12r} \quad (i=1,2,\cdots,7) \\ y_9 = p_{12} \end{cases} \tag{5-12}$$

第二步,采用 X 射线法测量石膏在时刻$T_k(k=1,2,\cdots,N_1)$的质量浓度,由此构造石膏质量浓度ρ_{10}的时间序列$\rho_{10}^k(k=1,2,\cdots,N_1)$。

第三步,构造适应度。

根据石膏质量浓度的计算值与试验值的相对误差构造适应度,具体表达式如下:

$$F = \frac{\sum\limits_{i=1}^{N_1}|\rho_{10}^i|}{\sum\limits_{i=1}^{N_1}|\hat{\rho}_{10}^i - \rho_{10}^i|} \tag{5-13}$$

第四步,选定决策变量的搜索区间$[y_i^{left}, y_i^{right}]$,$i=1,2,\cdots,9$。

第五步,给定决策变量的试探值$\underline{y}^0$,利用 4.7 节介绍的方法,计算出时刻T_i

的石膏质量浓度 $\hat{\rho}_{10}^k(k=1,2,\cdots,N_1)$，并计算出对应的适应度 F^0。

第六步，利用随机数子程序产生 9 个随机数 $r_1,r_2,\cdots,r_9$，并计算出对应的 9 个决策变量：

$$y_i = y_i^{\text{left}} + (y_i^{\text{right}} - y_i^{\text{left}})r_i \quad (i=1,2,\cdots,9) \tag{5-14}$$

第七步，利用上式计算出石膏在时刻 $T_i(i=1,2,\cdots,9)$ 的质量浓度 $\hat{\rho}_{10}^k(k=1,2,\cdots,N_1)$，并计算出对应的适应度 F^1。

第八步，比较适应度 F^0 和 F^1 的大小，确定当前适应度的最大值（较大值）。

第九步，给定满足精度要求的适应度 F_s 和最大搜索次数 N_{MC}，当计算得到的适应度大于或等于 F_s 或搜索次数等于 N_{MC} 时，停止搜索并记录决策变量的最优估计值 y^* 及对应的适应度 F^*。

第十步，利用 4.7 节介绍的方法，计算决策变量的最优估计值对应的石膏浓度时间序列 $\hat{\rho}_{10}^{*k}(k=1,2,\cdots,N)$。

第十一步，利用折线图观察石膏质量浓度的时间序列 $\rho_{10}^k(k=1,2,\cdots,N_1)$ 和 $\hat{\rho}_{10}^{*k}(k=1,2,\cdots,N_1)$ 的误差，并评判决策参量优化的效果。

5.3.2 算例

考察水泥含量为 580 g，骨料级配 Talbot 指数为 0.4，硫酸液 pH 值为 2 的大孔隙混凝土试样。水泥熟料中物质 X_1、X_5 和 X_6 的质量分数参见 4.7 节，容易计算出质量浓度的初始值，即 $\rho_1^0 = 185$ kg/m³，$\rho_5^0 = 477$ kg/m³，$\rho_6^0 = 36.9$ kg/m³。使用 Ultima Ⅳ 系列 X 射线衍射仪测试了养护 28 d 时物质 X_1、X_5 和 X_6 的质量浓度分别为 $\rho_1^{28\,d} = 36.8$ kg/m³，$\rho_5^{28\,d} = 79.8$ kg/m³，$\rho_6^{28\,d} = 21.8$ kg/m³。根据式（5-6）、式（5-8）和（5-10）可以计算出反应速率常数 ς_1、ς_2、ς_3，即

$$\varsigma_1 = -\frac{1}{2\mu_1 T}\ln\frac{\rho_1^T}{\rho_1^0} = \frac{1}{2\times228\times28\times24\times3\,600}\ln\frac{36.8}{185} = 1.46\times10^{-9}\text{ s}^{-1} \tag{5-15}$$

$$\varsigma_2 = -\frac{1}{2\mu_5 T}\ln\frac{\rho_5^T}{\rho_5^0} = \frac{1}{2\times172\times28\times24\times3\,600}\ln\frac{79.8}{477} = 2.15\times10^{-9}\text{ s}^{-1} \tag{5-16}$$

$$\varsigma_3 = -\frac{1}{2\mu_6 T}\ln\frac{\rho_6^T}{\rho_6^0} = \frac{1}{2\times486\times28\times24\times3\,600}\ln\frac{21.8}{36.9} = 2.24\times10^{-10}\text{ s}^{-1} \tag{5-17}$$

使用 Ultima Ⅳ 系列 X 射线衍射仪测试 $T_k(k=1,2,\cdots,6)$ 时刻试样表层石膏的质量浓度 $\rho_{10}^k(k=1,2,\cdots,6)$，如表 5-6 所列。

表 5-6　试样表层物质 X_{10} 的质量浓度

t/d	0	28	35	49	63	77
$\rho_{10}/(kg \cdot m^{-3})$	0.11	0.01	25.59	59.41	87.47	102.87

文献[172]选择 9 个决策变量的搜索区间，如表 5-7 所列。

表 5-7　决策变量搜索区间表

序号	决策变量	模型参量	搜索区间
1	y_1	ς_4	$[1.0\times10^{-11},1.0\times10^{-9}]$
2	y_2	ς_5	$[1.0\times10^{-11},1.0\times10^{-8}]$
3	y_3	ς_6	$[1.0\times10^{-11},1.0\times10^{-8}]$
4	y_4	ς_7	$[1.0\times10^{-11},1.0\times10^{-8}]$
5	y_5	ς_8	$[1.0\times10^{-11},1.0\times10^{-8}]$
6	y_6	ς_9	$[1.0\times10^{-11},1.0\times10^{-8}]$
7	y_7	ς_{10}	$[1.0\times10^{-11},1.0\times10^{-8}]$
8	y_8	D_{12r}	$[1.0\times10^{-13},1.0\times10^{-11}]$
9	y_9	p_{12}	$[1.8,2.5]$

取决策参量的试探值为 $y_1^0=1.0\times10^{-10}$，$y_2^0=1.0\times10^{-10}$，$y_3^0=1.0\times10^{-10}$，$y_4^0=1.0\times10^{-10}$，$y_5^0=1.0\times10^{-10}$，$y_6^0=1.0\times10^{-10}$，$y_7^0=1.0\times10^{-10}$，$y_8^0=1.0\times10^{-12}$，$y_9^0=2.0$，并取 $N_1=6$，$F_s=100$，$N_{MC}=10\ 001$。

利用 Monte-Carle 法得到决策变量的最优估计值及其对应的适应度分别为 $y_1^*=1.78\times10^{-10}$，$y_2^*=1.88\times10^{-9}$，$y_3^*=6.07\times10^{-9}$，$y_4^*=7.22\times10^{-9}$，$y_5^*=1.0\times10^{-9}$，$y_6^*=3.87\times10^{-9}$，$y_7^*=5.90\times10^{-9}$，$y_8^*=8.53\times10^{-12}$，$y_9^*=2.12$ 和 $F^*=21.6$。

利用 4.8 节介绍的方法，计算决策变量的最优估计值对应的石膏质量浓度的时间序列 $\hat{\rho}_{10}^{*k}(k=1,2,\cdots,N_1)$，并绘出石膏质量浓度的实测值与估计值曲线，如图 5-8 所示。

由图 5-8 可以看出，石膏质量浓度的估计值与实测值在腐蚀 7 d($t=35$ d)

和腐蚀 35 d($t = 63$ d)的误差很小,在养护 28 d($t = 28$ d)、腐蚀 21 d($t = 49$ d)和腐蚀 49 d($t = 77$ d)时几乎没有误差。这表明,本节设计的优化方法具有良好的适用性。

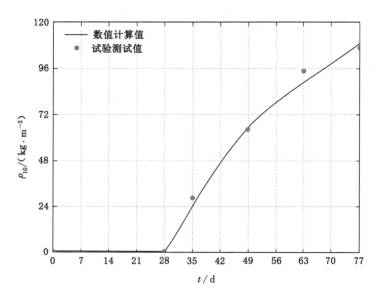

图 5-8 石膏质量浓度的实测值与估计值

5.4 模型参量的反演结果与分析

大量计算结果表明,硫酸液的 pH 值、骨料级配 Talbot 指数和水泥含量对决策变量 D_{12r} 和 p_{12} 的影响甚微;试验结果表明,硫酸液的 pH 值、骨料级配 Talbot 指数和水泥含量对水化反应中 3 个反应速率常数 $\varsigma_i (i = 1, 2, 3)$ 也没有显著的影响。因此,受硫酸液 pH 值、骨料级配 Talbot 指数和水泥含量影响显著的模型参量只有反应速率常数 $\varsigma_i (i = 4, 5, \cdots, 10)$。

5.4.1 硫酸液浓度对反应速率常数的影响

表 5-8 给出了骨料级配 Talbot 指数为 0.4,水泥含量为 580 g,硫酸液 pH 分别为 2、3、4 和 5 时,利用 Monte-Carle 法得到的反应速率常数 $\varsigma_i (i = 4, 5, \cdots, 10)$ 的最优估计值及其对应的适应度。

表 5-8　不同硫酸液浓度下试样反应速率常数的计算值

硫酸液 pH 值	反应速率常数 ς_i/s^{-1}							适应度 F
	ς_4	ς_5	ς_6	ς_7	ς_8	ς_9	ς_{10}	
2	1.78E−10	1.88E−09	6.07E−09	7.22E−09	1.00E−09	3.87E−09	5.90E−09	2.16E+01
3	1.11E−10	5.69E−10	7.65E−10	1.48E−09	9.92E−10	1.28E−09	1.41E−09	2.07E+01
4	2.32E−11	5.66E−10	5.26E−10	1.77E−10	8.24E−10	6.15E−10	4.10E−10	2.40E+01
5	5.97E−12	6.86E−11	3.85E−10	2.59E−11	3.88E−10	3.89E−10	4.76E−11	3.55E+01

　　由表 5-8 可以看出,4 种硫酸液浓度下反应速率常数 $\varsigma_i(i=4,5,\cdots,10)$ 的最优估计值对应的适应度均大于 20,这表明石膏质量浓度的估计值具有很高的精度。

　　图 5-9 给出了反应速率常数 $\varsigma_i(i=4,5,\cdots,10)$ 随硫酸液 pH 值变化的曲线。

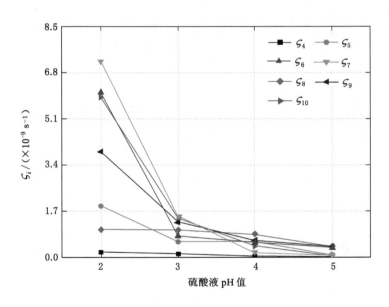

图 5-9　硫酸液的 pH 值对反应速率常数的影响曲线

　　由图 5-9 可以看出:① 反应速率常数 $\varsigma_i(i=4,5,\cdots,10)$ 随硫酸液 pH 值的增大而单调减小,即随着硫酸液质量浓度的增大而单调增大;② 反应速率常数 ς_4 在 pH $\in[2,5]$ 时整体变化缓慢;③ 反应速率常数 ς_5、ς_6、ς_7、ς_9 和 ς_{10} 在 pH $\in$

[2,3]时变化剧烈,在 $pH \in [3,5]$ 时变化缓慢;④ 反应速率常数 ς_8 在 $pH \in [2,4]$ 时变化不明显,在 $pH \in [4,5]$ 时变化较快。

5.4.2 骨料级配 Talbot 指数对反应速率常数的影响

表 5-9 给出了硫酸液 pH 值为 2,水泥含量为 580 g,骨料级配 Talbot 指数分别为0.2、0.4、0.6 和 0.8 时,利用 Monte-Carle 法得到的反应速率常数 $\varsigma_i (i = 4, 5, \cdots, 10)$ 的最优估计值及其对应的适应度。

表 5-9　不同骨料级配 Talbot 指数下试样反应速率常数的计算值

骨料级配 Talbot 指数 n	反应速率常数 ς_i / s^{-1}							适应度 F
	ς_4	ς_5	ς_6	ς_7	ς_8	ς_9	ς_{10}	
0.2	3.86E−10	4.21E−09	3.36E−09	6.22E−09	2.11E−09	6.25E−09	5.90E−09	2.33E+01
0.4	1.78E−10	1.88E−09	1.00E−09	4.29E−09	1.00E−09	3.87E−09	8.99E−10	2.16E+01
0.6	3.82E−10	3.52E−09	1.99E−09	4.47E−09	2.03E−09	4.13E−09	3.97E−09	3.05E+01
0.8	4.56E−10	7.60E−09	6.07E−09	7.22E−09	3.00E−09	6.67E−09	5.90E−09	2.65E+01

图 5-10 给出了反应速率常数 $\varsigma_i (i = 4, 5, \cdots, 10)$ 随骨料级配 Talbot 指数变化的曲线。

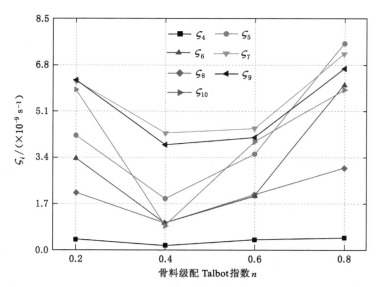

图 5-10　骨料级配 Talbot 指数对反应速率常数的影响曲线

由图 5-10 可以看出,反应速率常数 $\varsigma_i (i=4,5,\cdots,10)$ 随骨料级配 Talbot 指数的增大先减小后增大,且在骨料级配 Talbot 指数为 0.4 时数值最小,在骨粒级配 Talbot 指数为 0.8 时数值最大。

5.4.3 水泥含量对反应速率常数的影响

表 5-10 给出了硫酸液 pH 为 2,骨料级配 Talbot 指数为 0.4,水泥含量分为 540 g、560 g、580 g 和 600 g 时,利用 Monte-Carle 法得到的反应速率常数 $\varsigma_i (i=4,5,\cdots,10)$ 的最优估计值及其对应的适应度。

表 5-10 不同水泥含量下试样反应速率常数的计算值

| M_c/g | 反应速率常数 ς_i/s^{-1} | | | | | | | 适应度 |
	ς_4	ς_5	ς_6	ς_7	ς_8	ς_9	ς_{10}	F
540	1.78E−10	3.84E−10	1.07E−09	3.09E−09	8.80E−10	3.87E−09	2.96E−10	5.51E+01
560	2.79E−10	1.88E−09	3.64E−09	6.58E−09	1.00E−09	4.15E−09	1.19E−09	2.28E+01
580	3.24E−10	2.13E−09	6.07E−09	7.22E−09	1.63E−09	6.98E−09	5.90E−09	2.16E+01
600	3.58E−10	2.39E−09	6.96E−09	8.21E−09	1.99E−09	7.29E−09	6.15E−09	2.58E+01

图 5-11 给出了反应速率常数 $\varsigma_i (i=4,5,\cdots,10)$ 随水泥含量变化的曲线。

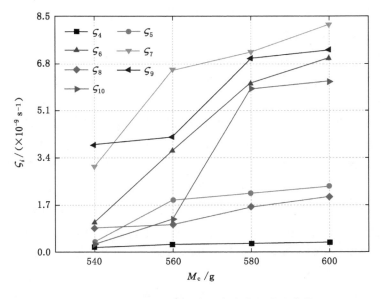

图 5-11 水泥含量对反应速率常数的影响曲线

由图 5-11 可以看出：① 反应速率常数 $\varsigma_i (i=4,5,\cdots,10)$ 随水泥含量的增大而单调增大；② ς_4 在 $M_c \in [540,600]$ 时，变化不明显；③ ς_5 和 ς_7 在 $M_c \in [540,560]$ 时变化剧烈，在 $M_c \in [560,600]$ 时变化缓慢；④ ς_6 在 $M_c \in [540,580]$ 时变化剧烈，在 $M_c \in [580,600]$ 时变化较慢；⑤ ς_8 在 $M_c \in [540,560]$ 时变化缓慢，在 $M_c \in [560,600]$ 时变化较快；⑥ ς_9 和 ς_{10} 在 $M_c \in [560,580]$ 时变化剧烈，在 $M_c \in [540,560] \cup [580,600]$ 时变化缓慢。

5.5 本章小结

本章利用 X 射线衍射仪测定了硫酸液 pH 值分别为 2、3、4 和 5，骨料级配 Talbot 指数分别为 0.2、0.4、0.6 和 0.8，水泥含量分别为 540 g、560 g、580 g 和 600 g 的大孔隙混凝土试样在腐蚀 7 d、21 d、35 d 和 49 d 时石膏的 X 射线衍射强度，并计算出相应的质量浓度；分析了硫酸液的 pH 值/质量浓度、骨料级配 Talbot 指数和水泥含量对石膏质量浓度的影响。根据反应过程中质量守恒方程，建立了由物质 X_1、X_5 和 X_6 的质量浓度分别计算反应速率常数 ς_1、ς_2 和 ς_3 的表达式；提出了反演反应速率常数 $\varsigma_1,\cdots,\varsigma_{10}$、扩散系数的参考值 D_{12r} 和幂指数 p_{12} 的 Monte-Carle 方法，并分析了硫酸液的 pH 值/质量浓度、骨料级配 Talbot 指数和水泥含量对反应速率常数 $\varsigma_1,\cdots,\varsigma_{10}$ 的影响。通过研究，得出如下结论：

（1）石膏的衍射强度峰值个数及其对应的衍射角不随骨料级配 Talbot 指数和水泥含量变化，但随硫酸液浓度变化。当硫酸液 pH 值为 2 时，在整个腐蚀阶段石膏的衍射强度具有 9 个峰值，但当硫酸液 pH 值为 3、4 和 5 时，石膏的衍射强度只有 4 个峰值。

（2）对于任意的硫酸液浓度、骨料级配 Talbot 指数和水泥含量，在 28 d 内石膏的质量浓度大约减少了 91%。在腐蚀阶段，随着腐蚀时间的增大，石膏质量浓度逐渐增大。在腐蚀时间小于或等于 7 d 时，石膏的质量浓度不随硫酸液浓度、骨料级配 Talbot 指数和水泥含量发生显著变化。在腐蚀时间大于或等于 21 d 时，石膏的质量浓度随着硫酸液 pH 值的增大而减小，随着硫酸液浓度和水泥含量的增大而增大，随着骨料级配 Talbot 指数呈非单调变化，且骨料级配 Talbot 指数为 0.8 的试样中石膏的质量浓度最大，骨料级配 Talbot 指数为 0.4 的试样中石膏的质量浓度最小。

（3）反应速率常数 $\varsigma_i (i=4,5,\cdots,10)$ 随硫酸液 pH 值的增大而单调减小；ς_4 在 pH $\in [2,4]$ 时变化剧烈，在 pH $\in [4,5]$ 时变化缓慢；ς_5、ς_6、ς_7、ς_9 和 ς_{10} 在 pH

$\in[2,3]$时变化剧烈,在 pH$\in[3,5]$时变化缓慢;ς_8 在 pH$\in[2,4]$时变化不明显,在 pH$\in[4,5]$时变化较快;反应速率常数$\varsigma_i(i=4,5,\cdots,10)$随骨粒级配 Talbot 指数的增大先减小后增大,且在骨料级配 Talbot 指数为 0.4 时数值最小,在骨粒级配 Talbot 指数为 0.8 时数值最大;反应速率常数$\varsigma_i(i=4,5,\cdots,10)$随水泥含量的增大而单调增大;$\varsigma_4$ 在 $M_c\in[540,600]$时,变化不明显;ς_5 和ς_7 在 $M_c\in[560,560]$时变化剧烈,在 $M_c\in[580,600]$时变化缓慢;ς_6 在 $M_c\in[540,580]$时变化剧烈,在 $M_c\in[540,600]$时变化较慢;ς_8 在 $M_c\in[540,560]$时变化缓慢,在 $M_c\in[560,600]$时变化较快;ς_9 和ς_{10}在 $M_c\in[560,580]$时变化剧烈,在 $M_c\in[540,560]\cup[580,600]$时变化缓慢。

6 硫酸腐蚀下大孔隙混凝土渗透率演化机理

硫酸腐蚀下大孔隙混凝土渗透率演化机理可以从微观和宏观两个方面分析。微观上,孔隙中晶须的数量、直径和长度的变化可以引起孔隙率和渗透率的变化。宏观上,硫酸与混凝土的化学反应可以引起质量浓度的变化,从而引起固体物质体积分数和孔隙率、渗透率的变化。建立在反应动力学基础上的渗透率演化模型是宏观上解释大孔隙混凝土渗透率演化机理的工具。因此,反应动力学模型和响应计算方法的适用性是宏观上解释大孔隙混凝土渗透率演化机理的前提。本章通过分析渗透率计算值与试验值的误差,验证渗透率演化模型及响应计算方法的适用性,并在此基础上,运用渗透率演化模型解释硫酸腐蚀下大孔隙混凝土渗透率的演化机理。

6.1 渗透率演化模型验证

第 3 章完成了三因素(硫酸液浓度、骨料级配 Talbot 指数和水泥含量)四水平下 10 组样本(每组 4 块)的渗透率测定,分析了各因素对渗透率的影响。本节利用反应动力学模型及响应计算方法计算出与表 3-6 对应条件下的大孔隙混凝土的渗透率。根据渗透率的测量值 k^{test} 与计算值 k^{cal} 差值的时间序列某种范数评价反应动力学模型及响应计算方法的适用性。这里我们讨论模型和算法"适用性"而不讨论"实用性",这是因为我们建立的反应动力学模型以及构建响应计算方法与工程实际尚无密切的联系。

表 5-2 给出了腐蚀时间与反应动力学模型中自由变量 t 的对应关系。为了便于叙述,我们将腐蚀时间记作 $t_c^i(i=1,2,\cdots,5)$,对应的渗透率计算值和试验值分别记作 k_i^{cal} 和 $k_i^{\text{test}}(i=1,2,\cdots,5)$。则渗透率计算值和试验值的相对误差时间序列为:

$$\underline{e} = \left\{ \left(\frac{k_i^{\text{cal}}}{k_i^{\text{test}}} - 1 \right) \middle| i=1,2,\cdots,5 \right\} \tag{6-1}$$

对于任意正实数 $\alpha \in \mathbf{R}^+$，定义时间序列 $\underline{e}$ 的范数为：

$$\| \underline{e} \|_{\alpha} = \sqrt[\alpha]{\frac{1}{5} \sum_{i=1}^{5} \left| \frac{k_i^{\mathrm{cal}}}{k_i^{\mathrm{test}}} - 1 \right|^{\alpha}} \quad (i = 1, 2, \cdots, 5) \tag{6-2}$$

显然，范数 $\| \underline{e} \|_{\alpha}$ 可以作为衡量渗透率的测量值 k^{test} 与计算值 k^{cal} 相近程度的指标，也可作为评价反应动力学模型及响应计算方法适用性的指标。本书采用无穷大范数：

$$\| \underline{e} \|_{\infty} = \max \sum_{i=1}^{5} \left| \frac{k_i^{\mathrm{cal}}}{k_i^{\mathrm{test}}} - 1 \right| \quad (i = 1, 2, \cdots, 5) \tag{6-3}$$

作为评价反应动力学模型及响应计算方法的适用性。如果 $\| \underline{e} \|_{\infty} \leqslant 5.0\%$，则认为反应动力学模型及响应计算方法适用，否则便认为反应动力学模型及响应计算方法不适用。

为了便于叙述，我们将"渗透率计算值和试验值的相对误差时间序列的无穷大范数"简称为"渗透率误差范数"，记号仍为 $\| \underline{e} \|_{\infty}$。

图 6-1 给出了 10 个观察样本的渗透率计算值和试验值随时间变化的曲线，表 6-1 给出了 10 个观察样本的渗透率计算值和试验值的相对误差时间序列的无穷大范数。

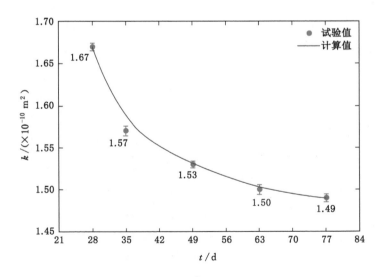

(a) pH=2, n=0.4, M_c=580 g

图 6-1 渗透率计算值与试验值随时间变化的曲线

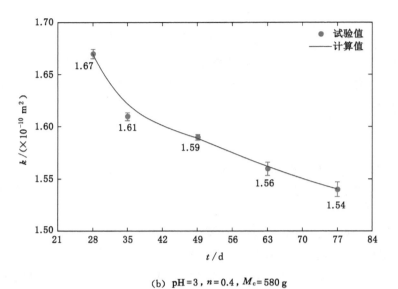

(b) pH=3，n=0.4，M_c=580 g

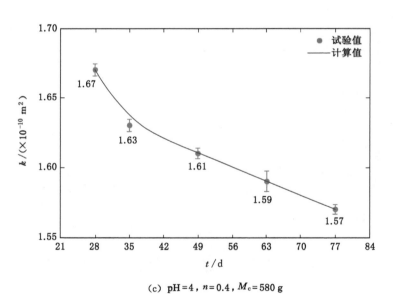

(c) pH=4，n=0.4，M_c=580 g

图 6-1 （续）

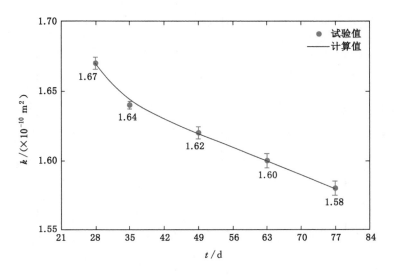

(d) pH=5，n=0.4，M_c=580 g

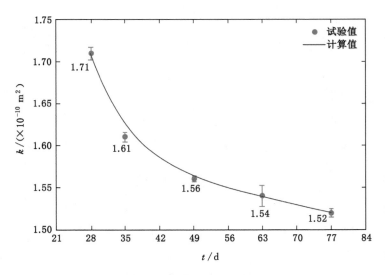

(e) pH=2，n=0.2，M_c=580 g

图 6-1 （续）

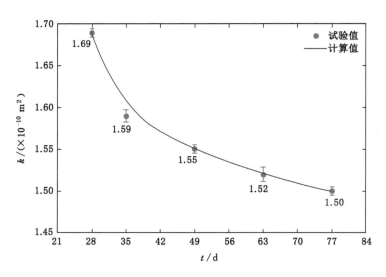

(f) pH=2，$n=0.6$，$M_c=580$ g

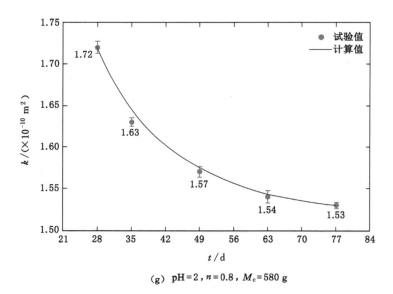

(g) pH=2，$n=0.8$，$M_c=580$ g

图 6-1 （续）

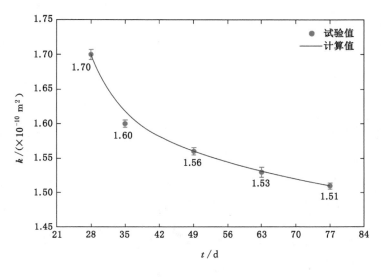

(h) pH=2，n=0.4，M_c=540 g

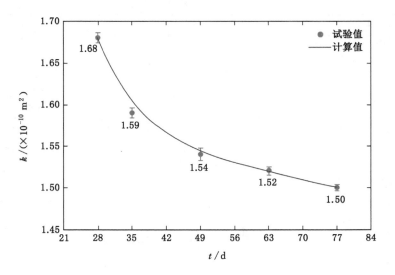

(i) pH=2，n=0.4，M_c=560 g

图 6-1 （续）

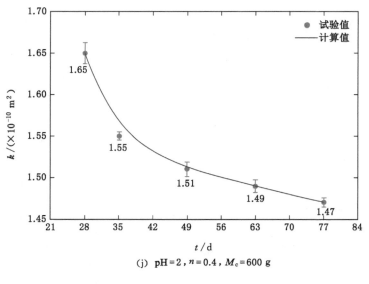

(j) $pH=2$, $n=0.4$, $M_c=600$ g

图 6-1 （续）

表 6-1 10 个观察样本的渗透率误差范数

样本序号	硫酸液 pH 值	n	M_c/g	$\|\underline{e}\|_\infty/\%$
1	2			3.2
2	3	0.4	580	2.5
3	4			3.7
4	5			4.2
5		0.2		3.3
1	2	0.4	580	3.2
6		0.6		4.5
7		0.8		2.9
8			540	3.5
9	2	0.4	560	4.6
1			580	3.2
10			600	4.1

　　由表 6-2 可以看出，10 个观察样本的渗透率误差范数均小于 5.0%，这表明第 5 章构建的反应动力学模型及响应计算方法具有良好的适用性。

6.2 渗透率演化机理

大孔隙混凝土在硫酸腐蚀下发生 10 个反应,其中参与反应的物质有 15 种。每个反应都引起大孔隙混凝土的孔隙率和渗透率的变化,每种物质浓度的变化对孔隙率和渗透率的变化也有影响。本节我们首先分析每个反应对大孔隙混凝土的孔隙率和渗透率的影响,然后分析每种物质浓度的变化对孔隙率和渗透率的影响,最后结合 SEM(扫描电子显微镜)图片分析晶须增长和孔隙率、渗透率的变化规律。

6.2.1 孔隙域、反应域和增广域

在大孔隙混凝土试样中,被气体和液体占据的区域称为孔隙域,记作 Ω_p,且:

$$\Omega_p = \Omega_{gc}^l \bigcup \Omega_{gc}^g \tag{6-4}$$

式中,Ω_{gc}^l 和 Ω_{gc}^g 分别为孔隙域中被液体和气体占据的区域。

在硫酸腐蚀过程中,10 个反应是在骨料颗粒之间的空隙构成的区域中进行的,我们称这个区域为反应域,记作 Ω_{gc}。

大孔隙混凝土试样的实际表面是极不光滑的,所以试样占据的区域极为复杂。试样的名义形状是十分理想的圆柱体,为此,我们将大孔隙混凝土试样名义外表面(上底面、下底面和侧面)包围的区域称为增广域,记作 Ω。

记骨料占据的区域为 Ω_g,反应域中被固体(水泥)占据的区域为 Ω_{gc}^s,则有:

$$\Omega = \Omega_g \bigcup \Omega_{gc} \tag{6-5}$$

$$\Omega_{gc} = \Omega_{gc}^s \bigcup \Omega_{gc}^l \bigcup \Omega_{gc}^g \tag{6-6}$$

将式(6-6)代入式(6-5),得到:

$$\Omega = \Omega_g \bigcup \Omega_{gc}^s \bigcup \Omega_{gc}^l \bigcup \Omega_{gc}^g \tag{6-7}$$

将式(6-4)代入式(6-6),得到:

$$\Omega_p = \Omega_{gc} \setminus \Omega_{gc}^s \tag{6-8}$$

在参与反应的 15 种物质中,液态物质为 X_2 和 X_{12},故有:

$$\Omega_{gc}^l = \Omega_2 \bigcup \Omega_{12} \tag{6-9}$$

其余 13 种为固态物质,故有:

$$\Omega_{gc}^s = \Omega_1 \bigcup \bigcup_{i=3}^{11} \Omega_i \bigcup \bigcup_{j=13}^{15} \Omega_j \tag{6-10}$$

或

$$\Omega_{gc}^s = \bigcup_{i=1}^{15} \Omega_i \setminus \Omega_2 \setminus \Omega_{12} \tag{6-11}$$

为了节省符号数量,我们将各个区域的体积与该区域采用相同的符号,例如孔隙体积记作 Ω_p,体积元 $\delta\Omega$ 中物质 X_1 占据的体积记作 $\delta\Omega_1$。

试样的孔隙率为:

$$\phi = \frac{\delta\Omega_p}{\delta\Omega} = \frac{\delta\Omega_{gc} - \delta\Omega_{gc}^s}{\delta\Omega} \tag{6-12}$$

15 种物质的体积分数为:

$$Y_i = \frac{\delta\Omega_i}{\delta\Omega} \quad (i = 1, 2, \cdots, 15) \tag{6-13}$$

液态物质的体积分数为:

$$Y_{liq} = Y_2 + Y_{12} \tag{6-14}$$

参与反应的固态物质的体积分数为:

$$Y_s = \sum_{i=1}^{15} Y_i - Y_2 - Y_{12} \tag{6-15}$$

质量浓度 ρ_i 与质量密度 $\overline{m}_i (i=1,2,\cdots,15)$ 之间的关系为:

$$\rho_i \delta\Omega = \overline{m}_i \delta\Omega_i \quad (i = 1, 2, \cdots, 15) \tag{6-16}$$

故体积分数 $Y_i(i=1,2,\cdots,15)$ 可表示为:

$$Y_i = \frac{\rho_i}{m_i} \quad (i = 1, 2, \cdots, 15) \tag{6-17}$$

由于骨料占据了增广域 Ω 的大部分体积,而水泥各组分、水和硫酸占据的体积很小,利用体积分数 $Y_i(i=1,2,\cdots,15)$ 叙述反应中固体体积和液体体积相对变化量很不方便。实际上,水化反应和腐蚀反应是在区域 Ω_{gc} 中进行的。反应域 Ω_{gc} 中固态物质和液态物质的体积分数更容易便于理解。为此,我们引入反应域 Ω_{gc} 中 15 种物质的体积分数 Y'_i、液态物质(水和硫酸)的体积分数 Y'_{liq} 和固态物质(水泥)的体积分数 Y'_s,定义式如下:

$$Y'_i = \frac{\delta\Omega_i}{\delta\Omega_{gc}} \quad (i = 1, 2, \cdots, 15) \tag{6-18}$$

$$Y'_{liq} = \frac{\delta\Omega_2 + \delta\Omega_{12}}{\delta\Omega_{gc}} \tag{6-19}$$

$$Y'_s = \frac{\delta\Omega_1 + \sum\limits_{i=3}^{11} \delta\Omega_i + \sum\limits_{j=13}^{15} \delta\Omega_j}{\delta\Omega_{gc}} \tag{6-20}$$

定义骨料堆积体的孔隙率:

$$\phi_{gc} = \frac{\delta\Omega_{gc}}{\delta\Omega} \tag{6-21}$$

则体积分数 Y'_{liq} 和 Y'_s 可以表示为：

$$Y'_{liq} = \frac{Y_{liq}}{\phi_{gc}} \tag{6-22}$$

$$Y'_s = \frac{Y_s}{\phi_{gc}} \tag{6-23}$$

6.2.2 各反应对渗透率的影响

在硫酸腐蚀大孔隙混凝土结构的过程中,发生在反应域中的每个反应都引起孔隙率和渗透率的变化。下面,我们根据计量方程分析每个反应对孔隙率和渗透率的影响。

在第 1 个反应中,硅酸三钙与水反应生成水化硅酸钙和氢氧化钙。

在第 2 个反应中,固态物质硅酸二钙与水反应生成固态物质水化硅酸钙和氢氧化钙。

在第 3 个反应中,固态物质铁铝酸四钙、氢氧化钙与水反应生成固态物质水化铁铝酸钙。

在第 4 个反应中,固态物质铝酸三钙、氢氧化钙与水反应生成固态物质水化铝酸四钙。

在第 5 个反应中,固态物质铝酸三钙、石膏与水反应生成固态物质三硫铝酸钙。

在第 6 个反应中,固态物质氢氧化钙与硫酸反应生成固态物质石膏。

在第 7 个反应中,固态物质三硫铝酸钙与硫酸反应生成固态物质硫酸铝、石膏和液态物质水。

在第 8 个反应中,固态物质水化硅酸钙与硫酸和水反应生成固态物质石膏和硅酸。

在第 9 个反应中,固态物质水化铝酸四钙与硫酸反应生成固态物质硫酸铝、石膏和液态物质水。

在第 10 个反应中,固态物质水化铁铝酸钙与硫酸反应生成固态物质硫酸铝、硫酸铁、石膏和液态物质水。

可见,在第 1~6 个和第 8 个反应中,反应物中既有固态物质也有液态物质,生成物中没有液态物质只有固态物质。随着这 7 个反应的进行,液态物质的质量和占据的体积连续减小,而固态物质的质量和占据的体积连续增大。因此,该反应引起孔隙率和渗透率的减小。在第 7 个反应中,反应物和生成物中都有固态物质和液态物质,合缩系数为 $\left(\dfrac{6\mu_{12}}{m_{12}} - \dfrac{26\mu_{12}}{m_2}\right) \bigg/ \left(\dfrac{\mu_{14}}{m_{14}} + \dfrac{8\mu_{10}}{m_{10}} - \dfrac{\mu_{11}}{m_{11}}\right)$,其正负号由

$\dfrac{6\mu_{12}}{\overline{m}_{12}}-\dfrac{26\mu_{12}}{\overline{m}_{12}}$决定。由于$\mu_{12}=98$，$\mu_{12}=18$，$\overline{m}_{2}=1\,000\ \text{kg/m}^3$，$\overline{m}_{12}<1\,100\ \text{kg/m}^3$，

$\dfrac{6\mu_{12}}{\overline{m}_{12}}-\dfrac{26\mu_{12}}{\overline{m}_{12}}>0.064\,5$，故合缩系数大于零。这意味着在第 7 个反应中，固态物质的质量和占据的体积连续增大，而液态物质的质量和占据的体积连续减小，因此引起孔隙率和渗透率的连续减小。

同理，在第 9 个和第 10 个反应中，合缩系数也大于零。这两个反应同样引起固态物质的质量和占据的体积连续增大，以及孔隙率和渗透率的减小。

综上所述，以上 10 个反应的共同作用结果是固态物质的质量和占据的体积连续增大，孔隙率和渗透率减小。

6.2.3　各物质浓度对渗透率的影响

式(4-26)定量地表达了 10 个反应的速率对 15 种物质质量浓度（变化率）的影响。为了形象地说明 15 种物质质量浓度的变化，我们计算了硫酸液 pH 值为 3、骨料级配 Talbot 指数为 0.6 和水泥含量为 600 g 试样的反应动力学响应。根据质量浓度的分布，可以计算出其平均值：

$$\overline{\rho}_i=\dfrac{1}{\pi a_s^2 H_s}\int_0^H\int_0^{2\pi}\int_0^{a_s}\rho_i r\,\mathrm{d}r\mathrm{d}\theta\mathrm{d}x$$

$$=\dfrac{1}{\pi a_s^2 H_s}\sum_{j=1}^{50}\int_0^H\int_0^{2\pi}\int_{a_{j-1}}^{a_j}\rho_i r\,\mathrm{d}r\mathrm{d}\theta\mathrm{d}x$$

$$=\dfrac{1}{a_s^2}h_r\sum_{j=1}^{50}\left[\rho_i\big|_{r=a_{j-1}}\left(a_{j-1}+\dfrac{1}{3}h_r\right)+\rho_i\big|_{r=a_j}\left(a_{j-1}+\dfrac{2}{3}h_r\right)\right]\quad(i=1,2,\cdots,15)$$

$$(6\text{-}24)$$

图 6-2 和图 6-3 分别给出了 15 种物质质量浓度和体积分数的平均值随时间变化的曲线。

由图 6-2 可以看出：① 物质 X_1、X_2、X_5、X_6 和 X_8 的质量浓度随时间的增大而单调减小；② 物质 X_3、X_4、X_7、X_9、X_{10}、X_{11}、X_{13}、X_{14} 和 X_{15} 的质量浓度随时间的增大而单调增大；③物质 X_{12} 的质量浓度随时间的增大而交替增减，但总的趋势是减小。下面对出现这些结果的原因做简单分析。

（1）固态物质 X_1、X_5、X_6 和 X_8 为反应物，反应中质量连续消耗，故质量浓度随时间的增大而单调减小。

（2）固态物质 X_{13}、X_{14} 和 X_{15} 为生成物，反应中质量连续增加，故质量浓度随时间的增大而单调增大；固态物质 X_3、X_4、X_7、X_9、X_{10} 和 X_{11} 既是生成物又是反应物，其质量浓度变化率由多个反应速率共同决定，实际结果是质量浓度随时间

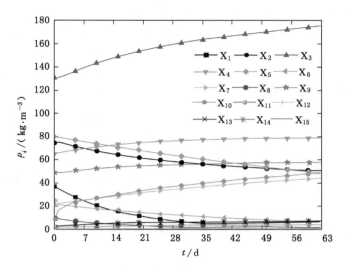

图 6-2　物质质量浓度平均值随时间变化的曲线

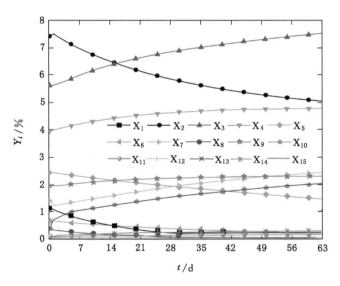

图 6-3　体积分数平均值随时间变化的曲线

的增大而单调增大。

（3）液态物质 X_2 共参与 9 个反应,在其中的 6 个反应中 X_2 为反应物,在其余 3 个反应中 X_2 为生成物,9 个反应造成的 X_2 质量浓度变化率小于零,故其质量浓度随时间的增大而单调减小。

（4）液态物质 X_{12} 虽然是反应物，但是由于扩散的影响，其质量浓度不随时间单调变化。

由图 6-3 可以看出：① 物质 X_1、X_2、X_5、X_6 和 X_8 的体积分数随时间的增大而单调减小；② 物质 X_3、X_4、X_7、X_9、X_{10}、X_{11}、X_{13}、X_{14} 和 X_{15} 的体积分数随时间的增大而单调增大；③ 物质 X_{12} 的体积分数随时间的增大而交替增减，但总的趋势是减小。体积分数如此变化的原因与质量浓度相同，不予赘述。

由于 X_2 和 X_{12} 为液态物质，其余 13 种为固态物质，故液态物质的质量浓度为：

$$\rho_{\text{liq}} = \bar{\rho}_2 + \bar{\rho}_{12} \tag{6-25}$$

固态物质的质量浓度为：

$$\rho_s = \sum_{j=1}^{15} \bar{\rho}_j - \bar{\rho}_2 - \bar{\rho}_{12} \tag{6-26}$$

根据式（6-24）～式（6-26）计算出腐蚀过程中液态物质和固态物质的质量浓度的平均值，如图 6-4 所示。

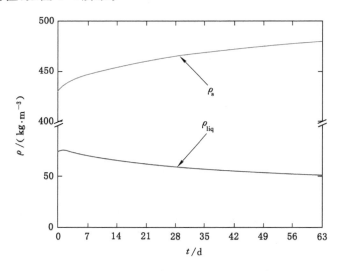

图 6-4　液态物质和固态物质质量浓度的平均值随时间变化的曲线

由图 6-4 可以看出，液态物质质量浓度随时间单调减小，固态物质质量浓度随时间单调增大。

参照式（6-24），可以给出体积分数平均值的计算式：

$$\overline{Y}_i = \frac{1}{a_s^2} h_r \sum_{j=1}^{15} \left[\frac{\rho_i}{m_i} \bigg|_{r=a_{j-1}} \left(a_{j-1} + \frac{1}{3} h_r \right) + \frac{\rho_i}{m_i} \bigg|_{r=a_j} \left(a_{j-1} + \frac{2}{3} h_r \right) \right] \quad (i = 1, 2, \cdots, 15)$$

$$(6-27)$$

根据式(6-14)、式(6-15)和式(6-27)可以计算出反应过程中液态物质和固态物质在增广域中的体积分数,如图 6-5 所示。

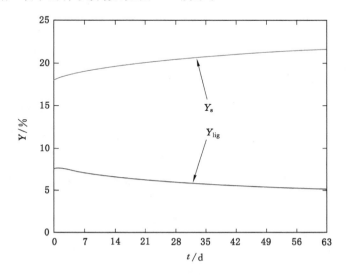

图 6-5　增广域中液态物质和固态物质体积分数的平均值随时间变化的曲线

由图 6-5 可以看出,增广域中液态物质的体积分数随时间单调减小,固态物质的体积分数随时间单调增大。

根据式(6-22)和式(6-23)可以分别计算出反应域中液态物质和固态物质的体积分数,如图 6-6 所示。

由图 6-6 可以看出,在反应过程中,反应域中液态物质的体积分数随时间单调减小,固态物质的体积分数随时间单调增大。这表明骨料颗粒间的空隙中,液态物质占据的体积逐渐减小,而固态物质占据的体积逐渐增大。固态物质体积的增大造成孔隙体积的减小,即造成孔隙率的减小。反应过程中孔隙率和渗透率的平均值随时间变化曲线如图 6-7 所示。

由图 6-7 可以看出:① 孔隙率随时间单调减小,在开始腐蚀的很短时间(约为 1 d)内孔隙率的最大值介于 0.150 和 0.155 之间,到腐蚀 49 d($t = 63$ d)时,渗透率减小到 0.130 和 0.135 之间;② 渗透率随时间单调减小,渗透率最大值介于 1.5×10^{-10} m² 和 1.6×10^{-10} m² 之间,到腐蚀 49 d($t = 63$ d)时,渗透率减小到 1.1×10^{-10} m² 和 1.2×10^{-10} m² 之间。

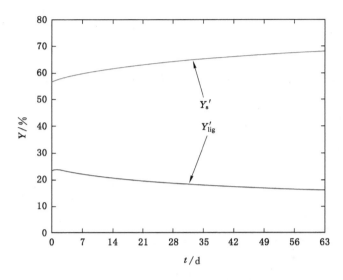

图 6-6　反应域中液态物质和固态物质体积分数的平均值随时间变化的曲线

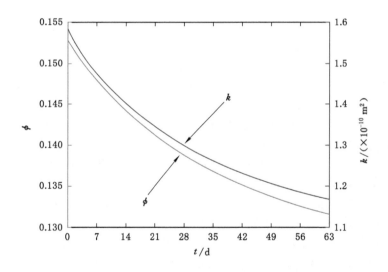

图 6-7　孔隙率和渗透率的平均值随时间变化的曲线

　　查看计算结果得到，孔隙率的最大值为 0.153，渗透率的最大值为 1.58×10^{-10} m^2，到腐蚀 49 d（$t = 63$ d）时孔隙率减小到 0.132，渗透率减小到 1.17×10^{-10} m^2。容易计算出孔隙率减小了 13.7%，渗透率减小了 25.9%。

　　硫酸的扩散影响孔隙中 15 种物质质量浓度的均匀性，即由于扩散，各种物质的质量浓度随径向坐标发生变化。但是,物质浓度的分布情况并不影响大孔隙混凝土孔隙率和渗透率变化的机理。因此,我们可以着眼于化学反应来解释硫酸腐蚀下大孔隙混凝土孔隙率和渗透率的变化趋势。

综合以上讨论,我们认为在反应过程中,液态物质质量浓度随时间单调减小,固态物质质量浓度随时间单调增大;相应地,液态物质在增广域和反应域中的体积分数随时间单调减小,固态物质在增广域和反应域中的体积分数随时间单调增大。因此,孔隙率和渗透率显著减小。

6.2.4 反应域中孔隙结构微观分析

在 6.2.2 和 6.2.3 小节中基于连续介质力学的观点,从宏观上解释了硫酸腐蚀下大孔隙混凝土孔隙率和渗透率减小的机理。下面我们结合第 2 章 SEM 观察结果,从微观上对大孔隙混凝土孔隙率和渗透率减小的机理做进一步的解释。

众所周知,渗透是流体在多孔介质中的流动,流动的通路极其复杂。为了简化多孔介质中的流动,人们提出了"渗流"的概念。所谓渗流是基于连续介质假设的一种概化流动[173-175]。在这种假想的流动中,增广域中各点都有流体流过。渗透是真实的流动,只发生在孔隙域中。

在硫酸腐蚀过程中,10 个反应发生在 Ω_{gc} 中,晶须的发育和增长也发生在 Ω_{gc} 中。在第 4 章的动力学模型中,物理量是定义在增广域 Ω 上。显然,运用连续介质力学观点讨论孔隙率的变化(即考察增广域 Ω 上孔隙率的分布与变化,揭示硫酸腐蚀下大孔隙混凝土孔隙率和渗透率减小的机理),这种做法是很不完善的。因此,为了全面解释孔隙率和渗透率减小的机理,需要考虑反应域中晶须的发育和增长过程。

第 2 章试验结果显示,随着时间的增大,孔隙中晶须的数量、直径、长度、排列方向均发生剧烈变化。当腐蚀时间为 0 d 时,孔隙中没有晶须;当腐蚀时间为 7 d 时,孔隙中稀疏地分散着细小的晶须,且大部分晶须位于孔壁附近;当腐蚀时间为 21 d 时,孔隙中晶须的数量增多,长度和直径增大;当腐蚀时间为 35 d 时,孔隙中的晶须排列无序,大部分晶须由于互相挤压断裂而呈藻状分布。晶须的发育和增长使得 Ω_{gc} 中固态物质的体积增大,液态物质的体积减小。因此,孔隙率和渗透率连续减小。

综合宏观和微观两个方面的分析,我们简短地阐述硫酸腐蚀下大孔隙混凝土孔隙率和渗透率减小的机理:在反应过程中,液态物质在增广域和反应域中的体积分数随时间单调减小,固态物质在增广域和反应域中的体积分数随时间单调增大。相应地,孔隙中晶须的数量连续增多,且直径和长度连续增大。因此,孔隙率和渗透率随时间的增加而显著减小。

6.3 本章小结

本章从反应域上液态物质体积分数变化和晶须增长两个视角解释硫酸腐蚀下大孔隙混凝土渗透率变化机理。首先验证了反应动力学模型及响应算法的适用性，然后通过实例分析了增广域和反应域上液态物质和固态物质的体积分数、质量浓度、孔隙率和渗透率的变化规律，最后综合宏观和微观两个方面的分析，给出了硫酸腐蚀下大孔隙混凝土孔隙率和渗透率减小的机理。本章的主要工作如下：

（1）利用反应动力学响应算法计算了不同硫酸液浓度、骨料级配 Talbot 指数和水泥含量下样本的渗透率。根据渗透率测量值 k^{test} 与计算值 k^{cal} 差值的时间序列无穷大范数评价反应动力学模型及响应计算方法的适用性。

（2）根据 10 个反应的计量方程，分析了反应过程中反应域中固态物质和液体物质的体积、孔隙率和渗透率的变化规律。

（3）结合算例分析了 15 种物质的质量浓度平均值（$\bar{\rho}_1 \sim \bar{\rho}_{15}$）、液态物质的体积分数（$Y_{liq}$ 和 Y'_{liq}）、固态物质的体积分数（Y_s 和 Y'_s）、孔隙率和渗透率的变化规律。

（4）根据 SEM 观察结果，分析了孔隙中晶须的数量、直径、长度、排列方向随腐蚀时间的变化规律。

通过以上研究，得出如下结论：

（1）10 个观察样本的渗透率误差范数均小于 5.0％。这表明第 5 章构建的反应动力学模型及响应计算方法具有良好的适用性，可以用来解释腐蚀过程中大孔隙混凝土孔隙率和渗透率减小的机理。

（2）在第 1~6 个和第 8 个反应中，反应物中既有固态物质也有液态物质，生成物中没有液态物质只有固态物质。随着这 7 个反应的进行，液态物质的质量和占据的体积连续减小，而固态物质的质量和占据的体积连续增大。在第 7 个、第 9 个、第 10 个反应中，反应物和生成物中都有固态物质和液态物质，但合缩系数大于零。随着这 3 个反应的进行，液态物质的质量和占据的体积连续减小，而固态物质的质量和占据的体积连续增大。10 个反应的共同作用结果是固态物质的质量和占据的体积连续增大，孔隙率和渗透率减小。

（3）固态物质 X_1、X_5、X_6 和 X_8 为反应物，其质量浓度随时间的增加而单调减小；固态物质 X_{13}、X_{14} 和 X_{15} 为生成物，其质量浓度随时间的增加而单调增大；固态物质 X_3、X_4、X_7、X_9、X_{10} 和 X_{11} 既是生成物又是反应物，其质量浓度也随时间的增加而单调增大；液态物质 X_2 共参与 9 个反应，其质量浓度随时间的增加而单调减小；由于扩散的影响，液态物质 X_{12} 的质量浓度不随时间单调变化。13种固态物质质量浓度之和随时间单调增大，2种液态物质质量浓度之和随时间单调减小。

（4）在腐蚀过程中，微观上孔隙中晶须的数量连续增多，直径和长度连续增大；宏观上表现为液态物质在增广域和反应域中的体积分数随时间单调减小，固态物质在增广域和反应域中的体积分数随时间单调增大。因此，在腐蚀过程中，微观和宏观的表现都导致孔隙率和渗透率随时间的增大而显著减小。

7　结论与展望

引起大孔隙混凝土透水性能降低的因素有很多，既有物理方面的因素（如沙粒或泥浆堵塞），也有化学方面的因素。本书仅考虑孔隙中化学反应引起的大孔隙混凝土透水性能的变化，而未考虑物理变化引起的大孔隙混凝土孔隙率的变化。

在硫酸向大孔隙混凝土试样扩散过程中，硫酸与水泥组分（包括熟料和水化产物）发生反应（本书称作腐蚀反应），同时水化反应仍在进行。水化反应和腐蚀反应引起固态物质质量浓度的增大和液态物质质量浓度的减小。根据连续介质力学理论，固态物质质量浓度的增大和液态物质质量浓度的减小会引起孔隙率的减小，而孔隙率的减小引起渗透率的减小和透水性能的降低。因此，硫酸的腐蚀与大孔隙混凝土透水性能的降低存在某种程度的因果关系。

7.1　主要结论

本书针对大孔隙混凝土的微观结构特征，设计了一种渗透试验系统。基于混凝土中硫酸液扩散和化学反应的分析，确定了影响混凝土孔隙率和渗透率的因素，即硫酸液浓度（pH 值）、骨料级配 Talbot 指数和水泥含量。通过渗透试验分析了这 3 个因素对大孔隙混凝土孔隙率和渗透率的影响规律。为了解释硫酸腐蚀下大孔隙混凝土孔隙率和渗透率减小的机理，综合运用连续介质力学和反应动力学理论建立了一种反应动力学模型，设计了反应动力学响应计算方法并给出了算例。基于 Monte-Carle 模拟原理，设计了一种利用质量浓度反演反应动力学模型决策变量的方法，并分析了硫酸液浓度（pH 值）、骨料级配 Talbot 指数和水泥含量对决策变量的影响。通过渗透率的计算值与试验值的对比验证了反应动力学模型及响应计算方法的适用性。在此基础上，运用反应动力学模型解释了硫酸腐蚀下大孔隙混凝土渗透率的变化机理。

通过研究，得出如下结论：

（1）利用 XZIT002 型渗透试验仪分别测试了不同硫酸液浓度（pH 值）、骨料级配 Talbot 指数和水泥含量下试样在腐蚀 0 d、7 d、21 d、35 d 和 49 d 时的渗

透率,结果表明:

① 由于腐蚀反应过程均使得大孔隙混凝土的固体体积增大,因此对于任意的硫酸液浓度、骨料级配 Talbot 指数和水泥含量,大孔隙混凝土的渗透率均随腐蚀时间的增大呈单调减小。

② 在保持骨料级配 Talbot 指数、水泥含量和腐蚀时间恒定时,大孔隙混凝土的渗透率随硫酸液 pH 值的增大而增大。

③ 在保持硫酸液 pH 值、水泥含量恒定和腐蚀时间恒定时,大孔隙混凝土的渗透率由大到小对应的骨料级配 Talbot 指数分布为 0.8、0.2、0.6 和 0.4。

④ 在保持硫酸液 pH 值、骨料级配 Talbot 指数和腐蚀时间恒定时,大孔隙混凝土的渗透率随水泥含量的增大而减小。

(2) 利用 X 射线衍射仪测定了硫酸液 pH 值分别为 2、3、4 和 5,骨料级配 Talbot 指数分别为 0.2、0.4、0.6 和 0.8,水泥含量分别为 540 g、560 g、580 g 和 600 g 的大孔隙混凝土试样在腐蚀 0 d、7 d、21 d、35 d 和 49 d 时石膏的 X 射线衍射强度,并计算出相应的质量浓度。分析了硫酸液的 pH 值/质量浓度、骨料级配 Talbot 指数和水泥含量对石膏质量浓度的影响,结果表明:

① 石膏的衍射强度峰值个数及其对应的衍射角随硫酸液浓度变化,不随骨料级配 Talbot 指数和水泥含量变化。当硫酸液 pH 值由 2 变化为 3、4 和 5 时,石膏的衍射强度从 9 个峰值变为 4 个峰值。

② 在保持硫酸液浓度、骨料级配 Talbot 指数和水泥含量恒定,养护时间为 28 d 时,石膏的质量浓度大约减少了 91%,石膏质量浓度随着腐蚀时间的增加而增大。

③ 在腐蚀时间在 7 d 内,石膏浓度不随硫酸液浓度、骨料级配 Talbot 指数和水泥含量发生显著变化。而当腐蚀时间超过 21 d 时,石膏质量浓度随硫酸液 pH 值的增大而减小,随水泥含量的增大而增大,随骨料级配 Talbot 指数呈非单调变化,其中骨料级配 Talbot 指数为 0.8 和 0.4 对应石膏浓度的最大值和最小值。

(3) 根据反应过程中的质量守恒方程,建立了由物质 X_1、X_5 和 X_6 的质量浓度分别计算反应速率常数 ς_1、ς_2 和 ς_3 的表达式,提出了反演反应速率常数 ς_1, $\cdots$, ς_{10}、扩散系数的参考值 D_{12r} 和幂指数 p_{12} 的 Monte-Carle 方法,并分析了硫酸液 pH 值/质量浓度、骨料级配 Talbot 指数和水泥含量对反应速率常数 ς_1, $\cdots$, ς_{10} 的影响,结果表明:

① 反应速率常数 ς_1、ς_2 和 ς_3 受硫酸液浓度、骨料级配 Talbot 指数和水泥含量影响甚微。

② 反应速率常数 $\varsigma_i (i = 4, 5, \cdots, 10)$ 随硫酸液 pH 值的增大呈单调减小的趋

势,但减小的幅度大小不一;其中ς_4在 pH$\in[2,4]$,ς_5、ς_6、ς_7、ς_9和ς_{10} pH$\in[2,3]$时变化剧烈,其他阶段变化较缓慢。

③ 反应速率常数ς_i($i=4,5,\cdots,10$)随骨料级配 *Talbot* 指数的增大呈先减小后增大的趋势。

④ 反应速率常数ς_i($i=4,5,\cdots,10$)随水泥含量的增大呈单调增大的趋势;其中ς_5和ς_7在 $M_c\in[540,560]$,ς_6在 $M_c\in[540,560]$,ς_8在 $M_c\in[560,600]$,ς_9和ς_{10}在 $M_c\in[560,580]$时变化剧烈,其他阶段变化缓慢。

(4)利用反应动力学响应计算方法计算了硫酸液浓度(pH 值)、骨料级配 Talbot 指数和水泥含量下 10 个样本的渗透率。在此基础上,构造出渗透率测量值与计算值差值的时间序列,并计算了此时间序列的无穷大范数,结果表明 10 个观察样本的渗透率误差范数均小于 5.0%。

(5)从反应域上液态物质体积分数变化和晶须增长两个视角解释硫酸腐蚀下大孔隙混凝土渗透率的变化机理。主要观点如下:

① 在第 1~6 和第 8 个反应中,反应物中既有固态物质也有液态物质,生成物中仅有固态物质;在第 7、9、10 个反应中,反应物和生成物中均有固态物质和液态物质,但合缩系数大于零。所有反应的共同作用结果是固态物质的质量和占据的体积连续增大,孔隙率和渗透率的减小。

② 反应物中的固态物质有 X_1、X_5、X_6 和 X_8,它们的质量浓度随时间的增大呈单调减小;生成物中的固态物质 X_{13}、X_{14} 和 X_{15},它们的质量浓度随时间的增大呈单调增大;既是反应物又是生成物的固态物质 X_3、X_4、X_7、X_9、X_{10} 和 X_{11},它们的质量浓度也随时间的增大而单调增大;液态物质共参与 9 个反应,质量浓度随时间的增大而单调减小,液态物质 X_{12} 的质量浓度不随时间单调变化。所有 13 种固态物质质量浓度之和随时间单调增大,2 种液态物质质量浓度之和随时间单调减小。

③ 在水化和腐蚀反应过程中,2 种液态物质在增广域和反应域中的体积分数之和随时间单调减小,13 种固态物质在增广域和反应域中的体积分数之和随时间单调增大。这些变化在微观上表现为孔隙中晶须的数量连续增多、直径和长度连续增大,宏观上表现为孔隙率和渗透率随时间的增大而减小。

7.2 研究展望

本书紧紧围绕硫酸液浓度(pH 值)、骨料级配 Talbot 指数和水泥含量 3 个因素开展了硫酸腐蚀下大孔隙混凝土试样透水性的试验研究。运用普通化学理论和连续介质力学理论建立了合缩系数和孔隙率变化率的表达式;基于孔隙率变化率的表达式建立反应动力学模型,并对模型参量进行了最优估计。

本书重点放在硫酸液 pH 值、骨料级配 Talbot 指数和水泥含量对石膏质量浓度、反应速率常数和渗透率的影响上,而对硫酸扩散和反应动力学的论述以及腐蚀下大孔隙混凝土渗透率变化机理讨论的篇幅较少,作者将在以下几个方面开展后续研究工作:

(1)改进渗透试验系统,进一步提高性能指标和效率。

(2)改进反应速率测量方法,将等温量热法、核磁共振法、红外光谱法等先进方法运用于水泥组分的测定。

(3)改进组分测量方法,综合应用红外光谱仪、扫描电镜能谱仪和环境扫描电镜等先进仪器进行水泥组分的测定。

(4)改进反应动力学响应计算方法,使其适用于复杂混凝土结构。

(5)继续进行渗透试验,建立大孔隙混凝土渗透率随时间变化的关系式。

参 考 文 献

[1] 倪鹏飞.改革开放 40 年中国城镇化发展的经验与启示[J].智慧中国,
    2018(12):11-13.

[2] 国家统计局.中华人民共和国 2019 年国民经济和社会发展统计公报[J].中
    国统计,2020(3):8-22.

[3] 何绍辉.把城镇化路子走正:学习习近平总书记关于城镇化与城市工作重要
    论述[J].毛泽东研究,2020(4):26-33.

[4] 深圳市城市规划设计研究院,任心欣,俞露,等.海绵城市建设规划与管理
    [M].北京:中国建筑工业出版社,2017.

[5] 吴跃军,秦海峰.中国为什么要建设"海绵城市"[EB/OL].(2019-10-20)
    [2021-06-16]. http://politics. people. com. cn/n1/2019/1020/c429373-
    31409450.html.

[6] 俞孔坚,李迪华,袁弘,等."海绵城市"理论与实践[J].城市规划,2015,
    39(6):26-36.

[7] 张炯,孙杰,黄金梅,等.海绵城市透水混凝土应用技术[M].北京:中国水利
    水电出版社,2020.

[8] 刘雪敏.透水混凝土技术在城市道路中的应用:评《海绵城市透水混凝土应
    用技术》[J].混凝土与水泥制品,2020(5):104-105.

[9] 中华人民共和国住房和城乡建设部.海绵城市建设技术指南:低影响开发雨
    水系统构建(试行)[M].北京:中国建筑工业出版社,2015.

[10] 张学元,韩恩厚,李洪锡.中国的酸雨对材料腐蚀的经济损失估算[J].中国
    腐蚀与防护学报,2002,22(5):316-319.

[11] 独伟.基于灰色关联分析法的道路透水混凝土宏观性能影响因素研究[J].
    路基工程,2019(6):134-139.

[12] 王靖,刘钦焱,蔡鹏,等.再生骨料透水混凝土的性能及影响因素研究[J].新
    型建筑材料,2018,45(9):42-46.

[13] 曾凡贵,张意,曾路,等.透水混凝土抗堵塞性能影响因素研究[J].重庆建
    筑,2018,17(2):39-42.

[14] 王金龙,翟爱良,陈博,等.新型透水混凝土强度和透水性能主要影响因素研究[J].新型建筑材料,2017,44(11):71-74.

[15] 刘星雨.透水混凝土抗冻性的影响因素研究[D].哈尔滨:哈尔滨工业大学,2012.

[16] 冯敏,郭鹏,王瑞燕.钢渣透水混凝土影响因素研究[J].重庆交通大学学报(自然科学版),2011,30(2):246-249.

[17] 杨婷惠.骨料对透水混凝土强度和透水性影响试验研究[D].绵阳:西南科技大学,2016.

[18] 周佳,倪文,李建平.无水泥钢渣路面透水砖研制[J].非金属矿,2004,27(6):16-18.

[19] 孙家瑛,黄科,蒋华钦.透水水泥混凝土力学性能和耐久性能研究[J].建筑材料学报,2007,10(5):583-587.

[20] RABIAH R,SUSAN L T,VIMY H,et al.Incorporating recycled concrete aggregate in pervious concrete pavements[C]//2009 Annual Conference of the Transportation Association of Canada:Transportation in a Climate of Change, October 18-21, 2009, Vancouver, British Columbia. Ottawa: Transportation Association of Canada,2009:103249-1-18.

[21] 刘富业.利用建筑垃圾制作生态透水砖研究[D].广州:广东工业大学,2012.

[22] 薛俊,刘军,季明旭,等.以再生建筑混凝土为骨料制备透水砖[J].武汉工程大学学报,2012,34(5):51-55.

[23] 白晓辉,刘肖凡,李继祥,等.粉煤灰透水混凝土孔隙率和渗透系数的试验研究[J].粉煤灰,2014,26(5):5-7.

[24] 甘冰清.透水混凝土的配合比设计及其性能研究[D].淮南:安徽理工大学,2015.

[25] 孙铂.新型透水混凝土路面铺装材料的制备及性能研究[D].长春:吉林大学,2017.

[26] 辛扬帆,梁晓飞.单一粒径混凝土的透水性研究[J].山东理工大学学报(自然科学版),2019,33(3):65-68,74.

[27] 张朝辉,王沁芳,杨娟.透水混凝土强度和透水性影响因素研究[J].混凝土,2008(3):7-9.

[28] 王武祥,谢尧生.透水性混凝土的透水性研究[J].中国建材科技,1996,5(4):17-20.

[29] 蒋正武,孙振平,王培铭.若干因素对多孔透水混凝土性能的影响[J].建筑材料学报,2005,8(5):513-519.

［30］ 夏群,谢飞飞,朱平华.道路用无砂透水再生骨料混凝土成型工艺研究［J］.混凝土,2016(8):149-151,155.

［31］ 孟宏睿,陈丽红.改善透水混凝土性能方法的试验研究［J］.陕西理工学院学报(自然科学版),2010,26(1):32-35,53.

［32］ 梁健,杜喜凯,施建蕊,等.透水再生混凝土性能的试验研究［J］.河北农业大学学报,2018,41(2):134-138.

［33］ 吴春雷.橡胶集料透水混凝土基本性能的试验研究［D］.天津:天津大学,2010.

［34］ LIAN C,ZHUGE Y,BEECHAM S.The relationship between porosity and strength for porous concrete［J］.Construction and building materials,2011,25(11):4294-4298.

［35］ 徐方,朱婧,陈建平,等.矿物掺合料对聚合物改性多孔水泥混凝土的性能影响研究［J］.混凝土,2012(4):41-44.

［36］ 付放华,朱祥,刘小兵,等.生态型透水混凝土的试验研究［J］.混凝土,2012(6):13-16.

［37］ YANG J,JIANG G L.Experimental study on properties of pervious concrete pavement materials［J］.Cement and concrete research,2003,33(3):381-386.

［38］ 李九苏.基于活性粉末增强的混凝土再生利用技术研究［D］.长沙:湖南大学,2009.

［39］ 楼俊杰.不同掺和料影响下透水混凝土性能及冻融循环劣化研究［D］.济南:山东大学,2016.

［40］ PARK S B,KIM J H,SEO D S.Physical and mechanical properties of carbon fiber reinforced smart porous concrete for planting［J］.Physica A:statistical mechanics and its applications,2005,5765:1073-1084.

［41］ 刘肖凡,白晓辉,王展展,等.粉煤灰改性透水混凝土试验研究［J］.混凝土与水泥制品,2014(1):20-23.

［42］ 王艳艳,滕岩,李秀梅.掺合料增强透水混凝土的试验研究［J］.建筑技术,2017,48(10):1030-1033.

［43］ 李子成,张爱菊,周敏娟,等.双掺废渣对透水混凝土的协同效应［J］.公路工程,2015,40(4):189-192.

［44］ YEIH W,FU T C,CHANG J J,et al.Properties of pervious concrete made with air-cooling electric arc furnace slag as aggregates［J］.Construction and building materials,2015,93:737-745.

[45] LÓPEZ-CARRASQUILLO V, HWANG S. Comparative assessment of pervious concrete mixtures containing fly ash and nanomaterials for compressive strength, physical durability, permeability, water quality performance and production cost[J]. Construction and building materials, 2017,139:148-158.

[46] 郭磊,刘思源,陈守开,等.纤维改性再生骨料透水混凝土力学性能透水性和耐磨性研究[J].农业工程学报,2019,35(2):153-160.

[47] 刘燕.适用于城市轨道交通项目的海绵城市设施研究:以深圳地铁 6 号线长圳车辆段为例[D].深圳:深圳大学,2019.

[48] 马国栋.透水混凝土路面渗流与堵塞数值模拟[D].济南:山东大学,2019.

[49] FWA T F, TAN S A, GUWE Y K. Laboratory evaluation of clogging potential of porous asphalt mixtures[J]. Transportation research record: journal of the transportation research board,1999,1681(1):43-49.

[50] DEO O, SUMANASOORIYA M, NEITHALATH N. Permeability reduction in pervious concretes due to clogging: experiments and modeling[J]. Journal of materials in civil engineering,2010,22(7):741-751.

[51] BORGWARDT S. Long-term in-situ infiltration performance of permeable concrete block pavement [C]//8th International Conference on Concrete Block Paving, November 6-8,2006, San Francisco, California.[S.l.]:ICPI, 2006:149-160.

[52] HASELBACH L M, VALAVALA S, MONTES F. Permeability predictions for sand-clogged Portland cement pervious concrete pavement systems[J]. Journal of environmental management,2006,81(1):42-49.

[53] 金磊,曾亚武,程涛,等.基于格子 Boltzmann 方法的土石混合体的渗流特性研究[J].岩土工程学报,2022,44(4):669-677.

[54] KAYHANIAN M, ANDERSON D, HARVEY J T, et al. Permeability measurement and scan imaging to assess clogging of pervious concrete pavements in parking lots[J]. Journal of environmental management, 2012,95(1):114-123.

[55] KUCHARCZYKOVÁ B, KERŠNER Z, POSPÍCHAL O, et al. The porous aggregate pre-soaking in relation to the freeze-thaw resistance of lightweight aggregate concrete[J]. Construction and building materials,2012, 30:761-766.

[56] JIMÉNEZ PÉREZ F E, CALZADA PÉREZ M A. Analysis and evaluation

of the performance of porous asphalt: the Spanish experience[M]//REICHER J. Surface characteristics of roadways: international research and technologies.[S.l.:s.n.],1990:512-527.

[57] 薛冬杰,刘荣桂,徐荣进,等.冻融环境下透水性生态混凝土试验研究[J].硅酸盐通报,2014,33(6):1480-1484.

[58] 于永霞.透水混凝土在海绵城市建设中的应用研究[D].淮南:安徽理工大学,2016.

[59] 倪彤元,胡康虎,何锋.降雨条件下透水混凝土渗透性能研究[J].城市道桥与防洪,2011(11):137-138,143.

[60] PRATT P L.Physical methods for the identification of microstructures[J].Materials and structures,1988,21(2):106-117.

[61] ALIGIZAKI K K.Determination of pore structure parameters in hardened cementitious materials[D].Philadelphia:The Pennsylvania State University,1995.

[62] 牛荻涛,姜磊,白敏.钢纤维混凝土抗冻性能试验研究[J].土木建筑与环境工程,2012,34(4):80-84,98.

[63] ZENG Q,LI K F,FEN-CHONG T,et al.Pore structure characterization of cement pastes blended with high-volume fly-ash[J].Cement and concrete research,2012,42(1):194-204.

[64] 陈军.早龄期混凝土水化进程及宏观与细微观性能相关性研究[D].杭州:浙江大学,2014.

[65] 陈军,金南国,金贤玉,等.基于电阻率法研究混凝土渗透性能演变规律[J].浙江大学学报(工学版),2013,47(4):575-580.

[66] 谢超,王起才,李盛,等.养护温度和水灰比对混凝土微观孔结构及抗氯离子渗透性影响研究[J].硅酸盐通报,2015,34(12):3663-3669.

[67] 牛全林,冯乃谦.利用饱碱电导表征掺矿物混合材混凝土的渗透性[J].硅酸盐学报,2005,33(10):1297-1302.

[68] 杨鹄宇.无机盐类外加剂对混凝土渗透性影响的研究[D].哈尔滨:哈尔滨工业大学,2008.

[69] 金文.聚羧酸高效减水剂品种对混凝土渗透性影响研究[J].浙江水利水电学院学报,2015,27(4):65-68.

[70] 段运,王起才,张戎令,等.不同养护条件下低水胶比混凝土抗氯离子渗透性及孔结构试验研究[J].铁道科学与工程学报,2016,13(5):842-847.

[71] 孟庆贵.聚羧酸高效减水剂品种对混凝土渗透性影响研究[J].浙江交通职

业技术学院学报,2015,16(4):5-8,13.

[72] 王家滨,牛荻涛.喷射混凝土渗透性、孔结构和力学性能关系研究[J].硅酸盐通报,2018,37(7):2101-2108.

[73] 赵威.微胶囊自修复水泥基材料渗透性能研究[D].深圳:深圳大学,2016.

[74] 王建东,方润华,章玉容,等.硫酸钙晶须对混凝土渗透性影响的试验研究[J].混凝土,2019(10):48-51.

[75] 高翔,李庆华,徐世烺,等.高性能水泥基纳米胶凝材料渗透性能及孔径分布试验研究[J].工程力学,2014,31(增刊1):265-268.

[76] 赵晓艳,田稳苓,姜忻良,等.EVA 改性 EPS 混凝土微观结构及性能研究[J].建筑材料学报,2010,13(2):243-246.

[77] 董淑慧,冯德成,江守恒,等.早期受冻温度对负温混凝土微观结构与强度的影响[J].黑龙江科技学院学报,2013,23(1):63-66.

[78] 耿健,孙家瑛,莫立伟,等.再生细骨料及其混凝土的微观结构特征[J].土木建筑与环境工程,2013,35(2):135-140.

[79] 元成方,牛荻涛,陈娜,等.碳化对混凝土微观结构的影响[J].硅酸盐通报,2013,32(4):687-691,707.

[80] 段德峰,黄显冲,王晓川.受硫酸盐腐蚀混凝土微观结构分析[J].四川建筑科学研究,2015,41(2):202-207.

[81] 丁莎,牛荻涛,王家滨.喷射粉煤灰混凝土微观结构和力学性能试验研究[J].硅酸盐通报,2015,34(5):1187-1192.

[82] 张阳阳.预拌补偿收缩混凝土微观结构和 SHPB 试验研究[D].淮南:安徽理工大学,2016.

[83] 黄亚梅,王立华.灰岩人工砂石粉对混凝土微观结构及力学性能影响[J].人民长江,2017,48(6):70-73.

[84] 王倩楠,顾春平,孙伟.水泥-粉煤灰-硅灰基超高性能混凝土水化过程微观结构的演变规律[J].材料导报,2017,31(23):85-89.

[85] 李淑进,赵铁军,吴科如.混凝土渗透性与微观结构关系的研究[J].混凝土与水泥制品,2004(2):6-8.

[86] 杨淑雁,马钊,沈益韩,等.大温差、大湿差环境下硫酸钠半浸泡混凝土抗压与微观特性[J].科学技术与工程,2017,17(16):295-299.

[87] 张立华,胡曙光,丁庆军.多组分水泥基材料微观结构的研究[J].武汉理工大学学报,2002,24(6):11-14.

[88] CORR D J,MONTEIRO P J M,BASTACKY J.Observations of ice lens formation and frost heave in young Portland cement paste[J].Cement and

concrete research,2003,33(10):1531-1537.

[89] JENNI A,HOLZER L,ZURBRIGGEN R,et al.Influence of polymers on microstructure and adhesive strength of cementitious tile adhesive mortars[J].Cement and concrete research,2005,35(1):35-50.

[90] 韩建德.荷载与碳化耦合作用下水泥基材料的损伤机理和寿命预测[D].南京:东南大学,2012.

[91] 田威,张鹏坤,谢永利,等.冻融环境下基于CT技术混凝土孔隙结构的三维分布特征[J].长安大学学报(自然科学版),2016,36(3):49-55.

[92] 田威,韩女,张鹏坤.基于CT技术的混凝土孔隙结构冻融损伤试验[J].中南大学学报(自然科学版),2017,48(11):3069-3075.

[93] 姜广.生态型偏高岭土超高性能水泥基复合材料的制备及机理分析[D].南京:东南大学,2015.

[94] KUANG X,SANSALONE J,YING G,et al.Pore-structure models of hydraulic conductivity for permeable pavement[J].Journal of hydrology,2011,399(3/4):148-157.

[95] CHUNG S Y,HAN T S,KIM S Y,et al.Investigation of the permeability of porous concrete reconstructed using probabilistic description methods [J].Construction and building materials,2014,66:760-770.

[96] 王刚,杨鑫祥,张孝强,等.基于CT三维重建的煤层气非达西渗流数值模拟[J].煤炭学报,2016,41(4):931-940.

[97] 张跃荣.多孔透水砖渗流特性实验与模拟研究[D].天津:河北工业大学,2014.

[98] REN J X.Laboratory evaluation of freezing-thawing resistance of aggregate for concrete pavement using Iowa Pore Index Tests[D].Ames:Iowa State University,2015.

[99] KHAN M K,EL NAGGAR M H,ELKASABGY M.Compression testing and analysis of drilled concrete tapered piles in cohesive-frictional soil[J].Canadian geotechnical journal,2008,45(3):377-392.

[100] LI S G,LI Q B.Method of meshing ITZ structure in 3D meso-level finite element analysis for concrete[J].Finite elements in analysis and design,2015,93:96-106.

[101] 赵学庄.化学反应动力学原理:上册[M].北京:高等教育出版社,1984.

[102] LE CHATELIER H.Crystalloids against colloids in the theory of cements[J].Transactions of the faraday society,1919,14:8-11.

［103］DOUBLE B D D,HELLAWELL A,PERRY S J.The hydration of Port-land cement［J］.Proceedings of the Royal Society of London series A,1978,359:435-451.

［104］POMMERSHEIM J M,CLIFTON J R.Mathematical modeling of trical-cium silicate hydration［J］.Cement and concrete research,1979,9(6):765-770.

［105］TAYLOR H F W.Cement chemistry［M］.London:Academic Press,1990.

［106］SCRIVENER K,PRATT P L.Backscattered electron images of polished cement sections in the scanning electron microscope［C］//Int Cement Microscopy Assoc.Proceedings of the Sixth International Conference on Cement Microscopy.［S.l.:s.n.］,1984:145-155.

［107］BEZJAK A.An extension of the dispersion model for the hydration of Portland cement［J］.Cement and concrete research,1986,16(2):260-264.

［108］DE SCHUTTER G,TAERWE L.General hydration model for Portland cement and blast furnace slag cement［J］.Cement and concrete research,1995,25(3):593-604.

［109］KRSTULOVIĆ R, DABIĆ P. A conceptual model of the cement hydration process ［J］. Cement and concrete research, 2000, 30 (5):693-698.

［110］NARMLUK M,NAWA T.Effect of fly ash on the kinetics of Portland cement hydration at different curing temperatures［J］.Cement and con-crete research,2011,41(6):579-589.

［111］RAHIMI-AGHDAM S,BAŽANT Z P,ABDOLHOSSEINI QOMI M J.Cement hydration from hours to centuries controlled by diffusion through barrier shells of C-S-H［J］.Journal of the mechanics and physics of solids,2017,99:211-224.

［112］吴学权.矿渣水泥水化动力学研究［J］.硅酸盐学报,1988,16(5):423-429.

［113］余其俊,王善拔,陶从喜,等.道路水泥性能及其水化动力学研究［J］.山东建材学院学报,1994,8(2):5-10,14.

［114］王爱勤,杨南如,钟白茜,等.粉煤灰水泥的水化动力学［J］.硅酸盐学报,1997,25(2):123-129.

［115］阎培渝,韩建国,徐志全.水胶比和组成对补偿收缩胶凝材料水化程度与水化产物的影响［J］.铁道科学与工程学报,2004,1(2):1-5.

［116］阎培渝,郑峰.水泥水化反应与混凝土自收缩的动力学模型［J］.铁道科学

与工程学报,2006,3(1):56-59.

[117] 阎培渝,张增起.复合胶凝材料的水化硬化机理[J].硅酸盐学报,2017,45(8):1066-1072.

[118] TIAN Y,JIN X Y,JIN N G,et al.Micro expressions of cement hydration kinetics.稀有金属材料与工程,2010,39(增刊2):216-219.

[119] 田野,金贤玉,金南国.基于水泥水化动力学和等效龄期法的混凝土温度开裂分析[J].水利学报,2012,43(增刊1):179-186.

[120] 金贤玉,王宇纬,田野,等.基于微观信息的水泥水化动力学模型研究[J].建筑材料学报,2014,17(5):862-867.

[121] 韩方晖.复合胶凝材料水化特性及动力学研究[D].北京:中国矿业大学(北京),2015.

[122] 张增起.水泥-矿渣复合胶凝材料水化动力学模型研究[D].北京:清华大学,2018.

[123] 迟琳.高贝利特硫铝酸盐水泥活化和水化机理研究[D].哈尔滨:哈尔滨工业大学,2019.

[124] 姚武,魏永起,王伟.基于QXRD/Rietveld法的水泥熟料中晶相与无定形相定量分析[J].建筑材料学报,2012,15(5):581-587.

[125] LE SAOÛT G,KOCABA V,SCRIVENER K.Application of the Rietveld method to the analysis of anhydrous cement[J].Cement and concrete research,2011,41(2):133-148.

[126] WANG C F,ZHOU Z H,LIU C X,et al.Formation kinetics of portland cement clinker containing with magnesium oxide[J].硅酸盐学报,2011,39(4):714-717.

[127] 张武龙,杨长辉,杨凯,等.磷酸钠-水玻璃对碱矿渣水泥水化行为的影响[J].建筑材料学报,2016,19(5):803-809,831.

[128] 王敏.高性能水泥基材料的性能及机理研究[D].西安:西北工业大学,2018.

[129] 李巧玲.铜尾矿粉在水泥基材料中的作用机理[D].武汉:武汉大学,2018.

[130] 宋军伟,王露,刘数华,等.石灰石粉在超高性能水泥基材料中的作用机理[J].硅酸盐通报,2016,35(12):4104-4109.

[131] 曹园章,郭丽萍,薛晓丽.NaCl和Na_2SO_4对水泥水化机理的影响[J].东南大学学报(自然科学版),2019,49(4):712-719.

[132] SOIN A V,CATALAN L J J,KINRADE S D.A combined QXRD/TG method to quantify the phase composition of hydrated Portland cements

[J].Cement and concrete research,2013,48:17-24.

[133] BERGOLD S T,GOETZ-NEUNHOEFFER F,NEUBAUER J.Quantitative analysis of C-S-H in hydrating alite pastes by in-situ XRD[J]. Cement and concrete research,2013,53:119-126.

[134] HESSE C,GOETZ-NEUNHOEFFER F,NEUBAUER J.A new approach in quantitative in situ XRD of cement pastes:correlation of heat flow curves with early hydration reactions[J].Cement and concrete research,2011,41(1): 123-128.

[135] JANSEN D,NABER C,ECTORS D,et al.The early hydration of OPC investigated by in situ XRD,heat flow calorimetry,pore water analysis and 1H NMR:learning about adsorbed ions from a complete mass balance approach[J].Cement and concrete research,2018,109:230-242.

[136] SCRIVENER K,SNELLINGS R,LOTHENBACH B.A practical guide to microstructural analysis of cementitious materials[M].Boca Raton: CRC Press,2018.

[137] HU Z L,SHI C J,CAO Z,et al.A review on testing methods for autogenous shrinkage measurement of cement-based materials[J].Journal of sustainable cement-based materials,2013,2(2):161-171.

[138] 吕全红,肖莲珍.基于水化动力学模型的水泥基材料温度效应[J].武汉工程大学学报,2020,42(4):434-438.

[139] 魏微.MgO 膨胀剂-水泥复合胶凝体系的水化动力学及水化过程研究[D]. 泰安:山东农业大学,2020.

[140] 党晗菲,谢清泉,于连山,等.基于 Krstulovic-Dabic 模型的复合胶凝体系水化特性研究[J].硅酸盐通报,2019,38(3):722-728.

[141] 李天如.地聚水泥水化特征及动力学研究[D].沈阳:沈阳建筑大学,2019.

[142] 文静,余红发,吴成友,等.氯氧镁水泥水化历程的影响因素及水化动力学[J].硅酸盐学报,2013,41(5):588-596.

[143] 李化建.煤矸石—水泥二元胶凝材料水化动力学研究[J].土木建筑与环境工程,2011,33(增刊 2):34-37.

[144] 郭大卫,廖宜顺,江国喜,等.电阻率法研究引气剂对水泥浆体化学收缩及氯离子渗透性的影响[J].功能材料,2019,50(2):2208-2213.

[145] 廖宜顺,蔡卫兵,章凌霄,等.粉煤灰对水泥浆体的电阻率与化学收缩的影响[J].硅酸盐通报,2017,36(6):2059-2063.

[146] 陈瑜,彭香明.掺普通硅粉和纳米 SiO_2 水泥净浆化学收缩试验[J].长沙理

工大学学报(自然科学版),2016,13(3):1-5,24.

[147] 陈瑜,邓怡帆,钱益想.掺无机纳米矿粉水泥复合净浆的化学收缩与自收缩[J].硅酸盐通报,2016,35(9):2710-2716.

[148] 邹成.掺纳米颗粒水泥复合净浆化学收缩与自收缩试验研究[D].长沙:长沙理工大学,2016.

[149] 高英力,姜诗云,周士琼,等.矿物超细粉对水泥浆体化学收缩的影响研究[J].水泥,2004(7):8-11.

[150] 史才军,元强.水泥基材料测试分析方法[M].北京:中国建筑工业出版社,2018.

[151] 佘安明,姚武.质子核磁共振技术研究水泥早期水化过程[J].建筑材料学报,2010,13(3):376-379.

[152] 王磊,何真,张博,等.粉煤灰-水泥水化的核磁共振定量分析[J].硅酸盐学报,2010,38(11):2212-2216.

[153] 艾凯明.基于核磁共振的矿山充填料浆水分和孔隙演变研究[D].长沙:中南大学,2014.

[154] 肖建敏,范海宏.固体核磁共振技术在水泥及其水化产物研究中的应用[J].材料科学与工程学报,2016,34(1):166-172.

[155] 李洋.碱对水泥基材料收缩开裂及砂岩石粉活性的影响机制[D].武汉:武汉大学,2016.

[156] 王可,张英华,李雨晴,等.固体核磁共振技术在水泥基材料研究中的应用[J].波谱学杂志,2020,37(1):40-51.

[157] 田松,杨玉柱,黄维蓉,等.纳米 ZrO_2 改性水泥基复合材料的水化及微观分析[J].科学技术与工程,2020,20(16):6599-6605.

[158] SHE A M, YAO W, WEI Y Q.In-situ monitoring of hydration kinetics of cement pastes by low-field NMR[J].Journal of Wuhan university of technology(materials science edition),2010,25(4):692-695.

[159] SHE A M, YAO W.Probing the hydration of composite cement pastes containing fly ash and silica fume by proton NMR spin-lattice relaxation[J].Science China technological sciences,2010,53(6):1471-1476.

[160] 韩静云,赵有岗,宋旭艳,等.化学活化锰渣-水泥复合体系早期水化过程的红外光谱分析[J].混凝土与水泥制品,2009(5):13-15.

[161] 施韬,杨泽平,郑立炜.碳纳米管改性水泥基复合材料早龄期水化反应的傅里叶红外光谱[J].复合材料学报,2017,34(3):653-660.

[162] 闫科晔.纳米材料对水化硅酸钙与水泥基材料作用的研究[D].哈尔滨:哈

尔滨工业大学,2019.

[163] 汪金花,吴兵,徐国强,等.水泥胶砂中水泥水化的高光谱特征分析[J].硅酸盐通报,2019,38(11):3646-3653.

[164] 侯玲艳,杨爱荣.矿物掺合料对水泥水化性能的影响研究[J].水利水电技术,2020,51(2):198-204.

[165] MOLLAH M Y A,YU W H,SCHENNACH R,et al.A Fourier transform infrared spectroscopic investigation of the early hydration of Portland cement and the influence of sodium lignosulfonate[J].Cement and concrete research,2000,30(2):267-273.

[166] GARCIA-LODEIRO I,PALOMO A,FERNÁNDEZ-JIMÉNEZ A,et al. Compatibility studies between N-A-S-H and C-A-S-H gels.Study in the ternary diagram Na_2O-CaO-Al_2O_3-SiO_2-H_2O[J].Cement and concrete research,2011,41(9):923-931.

[167] 石云兴,宋中南,蒋立红.多孔混凝土与透水性铺装[M].北京:中国建筑工业出版社,2016.

[168] 宋中南,石云兴,等.透水混凝土及其应用技术[M].北京:中国建筑工业出版社,2011.

[169] 吴疆宇,冯梅梅,郁邦永,等.连续级配废石胶结充填体强度及变形特性试验研究[J].岩土力学,2017,38(1):101-108.

[170] 白晓辉,刘肖凡,李继祥,等.透水混凝土孔隙率和渗透系数影响因素研究[J].武汉轻工大学学报,2014,33(3):80-83.

[171] WANG P.A multi-physics study on gas diffusion and chemical reactions in cement material with CO_2 sorption[D].Charlotte:The University of North Carolina at Charlotte,2015.

[172] 徐惠.硫酸盐腐蚀下混凝土损伤行为研究[D].徐州:中国矿业大学,2012.

[173] 何俊杰,王明伟,王廷国.地下水动力学[M].北京:地质出版社,2009.

[174] 倪晓燕.塑性流动下砂岩渗透性的试验研究[D].徐州:中国矿业大学,2018.

[175] 王路珍.变质量破碎泥岩渗透性的加速试验研究[D].徐州:中国矿业大学,2014.